U0024877

QIAN HU 仟 湖

坡仟湖鱼业集团
HU CORPORATION LIMITED
Jalan Lekar Singapore 698950
) 6766 7087 **F** (65) 6766 3995

ALBINO RED AROWANA
GOLDEN SILVER

北京（中国）**Beijing Qian Hu**   广州（中国）**Guangzhou Qian Hu**   上海（中国）**Shanghai Qian Hu**
T (86)10 8431 2255 **F** (86)10 8431 6832   **T** (86)20 8150 5341 **F** (86)20 8141 4937   **T** (86)21 6221 7181 **F** (86)21 6221 7461

马来西亚 **Kim Kang Malaysia**   泰国 **Qian Hu Marketing (Thai)**   印度 **India Aquastar**
T (60) 7415 2007 **F** (60) 7415 2017   **T** (66) 2902 6447 **F** (66) 2902 6446   **T** (91) 44 2553 0161 **F** 91 44 2553 0161

水質處理的重要工作……
當然安心交給西肯

Stability 全效硝化菌

本產品能夠迅速且安全的建立起水族箱的生物過濾系統，能夠避免新缸新魚死亡問題。本劑是特別針對水族箱用的配方，其中包含了嗜氧、厭氧和官能作用的細菌，能夠快速分解水中的有機廢物、阿摩尼亞和亞硝酸鹽及硝酸鹽。和其他產品不同的是，本產品的菌株非屬於固硫性，因此不會產生有毒的硫化氫。本劑完全不會傷害任何的水生生物，因此過度的使用也不會有危險。本產品是將近十年的研究結晶，並且是優異的自來生物管理方式研發成果。

使用說明：40公升水量加入5毫升本劑

N-1125 100ml N-1126 250ml N-1123 500ml N-1128 2L N-1129 4L

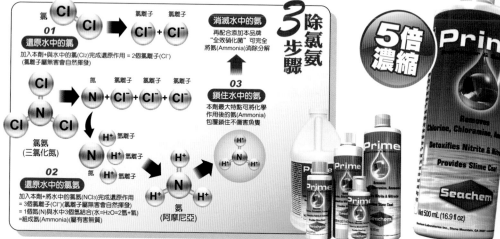

Prime 除氯氨水質穩定劑

淡海水皆適用

本產品是一種完整高濃縮的水質穩定劑，能將水中的氯氣、氯氨和阿摩尼亞(氨)去除，使高毒性的氨份子轉換為無毒性的氨離子，是其他產品很難做到的功能。在養水期使用可降低亞硝酸和硝酸鹽的毒性。亦能促進魚體黏膜產生。請在換水及加新水時使用。

使用說明：200公升水量加入5毫升本劑

N-1434 50ml N-1435 100ml N-1436 250ml N-1433 500ml N-1438 2L

HANG-ON *FILTER*

超薄止逆外掛過濾器 Ultra non-return

- 本產品具有新型結構專利。
- 斷電後水流迅速阻斷,防止水逆流。
- 復電後水流迅速循環,絕不空轉。
- 產品採用靜音式設計馬達運轉安靜無聲。
- 兩段插卡式過濾片,能提升過濾品質,過濾面積擴大2-3倍。
- 吸水口增加生化過濾棉套,防止幼魚吸入。
- 此過濾器適用淡水海水缸。

薄型・止逆・自動復水

I-853
最大流量:
350~380L/H

I-852
最大流量:
250~280L/H

I-851
最大流量:
150~180L/H

新型專利-止逆閥設計自動復水

ADJUSTABLE HANG-ON *FILTER*

外掛過濾器 No need to add water for re-starting

- 再啟動免加水。
- 靜音馬達,可調整水量。
- 加裝進水棉,防止吸入小魚。
- 抽取式碳棉,方便更換。

再啟動免加水

IF-767
最大流量:100~150L/H

IF-768
最大流量:
150~200L/H

IF-769
最大流量:200~300L/H

IF-770
最大流量:300~400L/H

EXTERNAL *FILTER*

多功能外置過濾器 All in one

- 外掛式、直立式兩用。內附物理、生物、吸附性之濾材。
- 採便利注水口設計,方便啟動。
- 自動排氣裝置,不會因桶內積氣而使馬達空轉。
- 手提式濾材桶,方便清洗及更換濾材。
- 四方安全鎖扣,不變形、不漏水。運轉低震動,超靜音。
- 零配件齊 ,方便安裝。淡海水皆可適用。

I-151 最大流量:360L

CANISTER *FILTER*

外置過濾器 Quick start by pressing button continuously

- 連續按壓吸水,快速啟動。
- 省電節能20%。
- 馬達過熱斷電保護。
- 活動式快速接頭可調整水量。
- 全配備PM精密陶瓷濾材。

IF-774 最大流量:1080L

IF-773 最大流量:1240L

里: **宗洋水族有限公司** **TZONG YANG AQUARIUM CO., LTD.**
TEL:886-6-230-3818 FAX:886-6-230-6734 www.tzong-yang.com.tw e-mail:ista@tzong-yang.com.tw

全效水質淨化、水草滋養護理系列

全方位淨水硝化菌

特性：
① 有效促進硝化系統建立，將有毒阿摩尼亞(NH₃)轉化成→亞硝酸(NO₂)→硝酸(NO₃)→氮氣(N₂)揮發空氣中。
② 去除水中積臭味道、減少魚隻死亡。
③ 讓水質清澈穩定、減少換水次數。
④ 促進魚隻新陳代謝，預防疾病產生。

全效水質穩定液+魚體保護膜

特性：
① 快速去除自來水中的氯及中和重金屬等毒物。
② 有效保護魚體黏膜，預防各種水傷症狀。
③ 增加抗緊迫能力，加強魚隻抵抗力。
④ 幫助新魚適應新環境，去除不安感。
⑤ 含維他命B群，促進魚類成長，增加疾病抵抗力及增豔體色。

PSB除毒硝化菌

特性：
① 去除魚缸中的氨、亞硝酸、硫化氫等毒物，有效快速抑制病源性細菌增長，降低魚隻罹病機會。
② 分解多種有機汙穢物、去除腥臭味。
③ 分解魚隻排泄物及殘餌所產生的毒物，可長期維護水質穩定清澈。
④ 選用對環境無害的有益菌種，不會造成自然環境汙染。

維他命+免疫成長元素

特性：
① 供給魚隻日常所需維他命及微量元素，幫助魚隻增豔及提高免疫力。
② 補充幼、幼魚及軟弱小魚之營養需求，避免脊椎彎曲變形。
③ 魚病治療期間之營養補給，增加魚隻抵抗力。
④ 本產品非屬醫療化學藥劑，可與其它藥劑同時使用。

全效水草綜合液肥

特性：
① 含有水草所需的生長元素，如：鉀、錳、鉬、鎂、有機碳、氨基酸及植物荷爾蒙等，超過數十種珍貴的必要元素。
② 可藉由葉片吸收，讓水中的綠色植物更翠綠、茂盛，有效促進水草成長及根部茁壯，消除水草枯黃、捲曲、白化、穿孔…等現象。
③ 不會污染水質及影響硝化菌繁衍，能抑制藻類滋生。

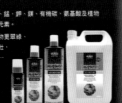

增艷濃縮黑水

特性：
① 萃取天然腐質酸、單寧酸及泥碳水及天然有機揚色成分並添加螯合劑製成。可輕鬆複製熱帶雨林河川水質。
② 可促進魚隻繁殖、水草生長及抑制藻類滋長。
③ 促進酸性、軟水性熱帶魚增豔揚色，塑育一個天然水域的成長。

紅色水草鐵肥

特性：
① 加強紅色水草所需要的元素，如：螯合鐵、花青素促進劑、硼、鈷、鋅、銅、鉬、鎢等，超過數拾種珍貴的必要元素。
② 可藉由葉片吸收，讓水中的紅色植物更鮮紅、茂盛，有效促進水草成長及根部茁壯，消除水草枯黃、捲曲、白化、穿孔…等現象。
③ 不會污染水質及影響硝化菌繁衍，能抑制藻類滋生。

名人水族器材有限公司
MING ZEN CO.,LTD.
E-MAIL:mraqua.t04@msa.hinet.net

北區-Taipei   TEL：02-26689300(代表號) FAX：02-266899
中區-Taichung TEL：04-25667779(代表號) FAX：04-256852
南區-Kaohsiung TEL：07-3726478 (代表號) FAX：07-372289

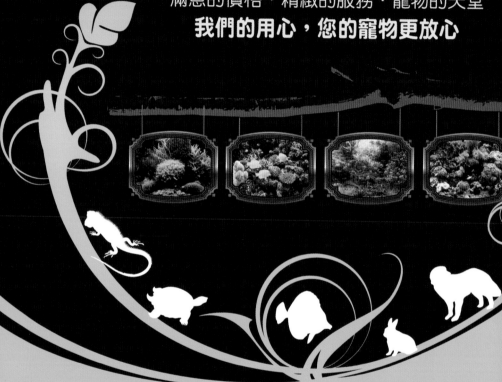

遞愛與幸福的起點

魚・海水魚・異型・水草・兩棲爬蟲・水族用品一應俱全
狗・鼠・兔・寵物用品應有盡有
活體・寵物美容・住宿・動物醫院・滿足您所有的需求

中和旗艦店

南屯店

中和旗艦店 賣場實景

國光店

土城店

西屯店

昌平店

北屯店

草屯店 金華店

中和旗艦店 賣場實景

中山店 (02)2959-3939
新北市板橋區中山路一段248號

文化店 (02)2253-3366
新北市板橋區文化路二段28號

新店店 (02)8667-6677
新北市新店區中正路450號

中和店 (02)2243-2288
新北市中和區中正路209號

土城店 (02)2260-6633
新北市土城區金城路二段246號

新莊店 (02)2906-7766
新北市新莊區中正路476號

新竹店 (03)539-8666
新竹市香山區經國路三段8號

東山店 (04)2436-0001
台中市北屯區東山路一段156之31號

北屯店 (04)2247-8866
台中市北屯區文心路四段319號

西屯店 (04)2314-3003
台中市西屯區西屯路二段101號

南屯店 (04)2473-2266
台中市南屯區五權西路二段80號

文心店 (04)2329-2999
台中市南屯區文心路一段372號

大里店 (04)2407-3388
台中市大里區國光路二段505號

彰化店 (04)751-8606
彰化市中華西路398號

金馬店 (04)735-8877
彰化市金馬路二段371之2號

草屯店 (049)230-2656
南投縣草屯鎮中正路874號

永康店 (06)303-8906
台南市永康區中華路707號

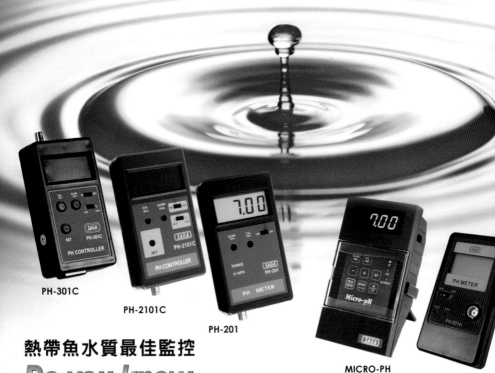

SAGA

Professional Quality

台益完美水質測試 · 控制儀器

PH-301C

PH-2101C

PH-201

MICRO-PH

PH-201A

熱帶魚水質最佳監控
Do you know
your water condition?
· · · 一目了然監視著水質 輕易的掌控水質變化

OEM & ODM are Welcor

SAGA
SAGA Electronic Enterprise Co., Ltd.
4F, No.56, Lane 31, Minzu Road, Danshui, New Taipei City, Taiwan 251-67
Tel: +886-2-8809-2338   Fax: +886-2-8809-2445   http://www.saga-electronic.com   e-mail:sagaleu@ms8.

WATER CHILLER
ipo 冷卻機

微電腦
溫度控制

可拆式
隔離網

型號 Type	功率 Power	冷卻能力 Water Quantity	適用魚缸/25℃ Suitable for Tank(25℃)	循環水量 Circulating Water	電壓 / 頻率 Operating Voltage	外觀尺寸 Size(cm)
ipo-100	1/10HP	100L~150L	2.0尺/60cm	900~3600L/H	AC120V/60Hz	W27.5xL39xH40
ipo-200	1/8HP	150L~250L	2.5尺/75cm	900~3600L/H	AC120V/60Hz	W27.5xL39xH40
ipo-300	1/6HP	250L~350L	3.0尺/90cm	1200~4800L/H	AC120V/60Hz	W27.5xL39xH40
ipo-400	1/4HP	350L~500L	4.0尺/120cm	2000~4800L/H	AC120V/60Hz	W33.5xL42.5xH45
ipo-500	1/3HP	500L~650L	5.0尺/150cm	3000~6000L/H	AC120V/60Hz	W33.5xL42.5xH45
ipo-600	1/2HP	650L~800L	6.0尺/180cm	3000~6000L/H	AC120V/60Hz	W33.5xL42.5xH45

● 高精密微電腦液晶面板智慧控溫。
● 操作簡易、快速降溫、穩定性高。
● ABS外殼材質,堅固耐用。
● 設計新穎永不生鏽、散熱效果最佳。
● 熱交換器為純鈦金屬管製作,耐腐蝕。
● 缺水、過熱時,自動斷電保護,安全環保
● 採用國際綠色無氟R134a制冷劑,安全環保

FRESH WATER
SALT WATER

台灣製造
品質效能NO.1

完善的售後服務　維修保固有保

同發水族器材有限公司
http://www.tung-fa.com.tw e-mail:tandfwatersu@outlook.com

TUNG FA AQUARIUM CO., LTD.
誠徵 中國各地區代理
台灣　電話:886-2-2671-2575．傳真:886-2-2671-2582
大陸聯絡處:13433655201、13580843373 蘇先生 QQ:2206842740

台灣
專業

ngFa

® PREMIUM QUALITY

國專利商品
仿冒必究

ipo 超薄型止逆外掛過濾器 Filter

效　靜音
美觀　安全

斷電不回流裝置

IPO-380

IPO-280

IPO-180

產品編號	使用電壓	消耗電力	適用魚缸	適用水量	流量	產品尺寸
IPO-180	220V / 50Hz	3.5W-4.0W	25-35cm	18L	150-180L	130x85x150mm
IPO-280	220V / 50Hz	3.5W-4.0W	35-45cm	28L	250-280L	185x85x150mm
IPO-380	220V / 50Hz	3.5W-4.0W	45-55cm	38L	350-380L	250x85x150mm

同發水族器材有限公司
TUNG FA AQUARIUM CO., LTD.
誠徵 中國各地區代理
台灣品牌
專業品質
台灣　電話:886-2-2671-2575・傳真:886-2-2671-2582
http://www.tung-fa.com.tw　e-mail:tandfwatersu@outlook.com
大陸聯絡處:13433655291・13580843373 蔡先生 QQ:3396842749

中国顶级品牌
专为全球设计

LEADING THE WAY IN THE MANUFACTURING OF
FINEST AQUARIUM AND WATER GARDEN EQUIPMENT

广东日生集团
www.resun-china.com

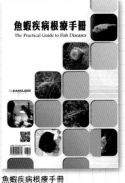

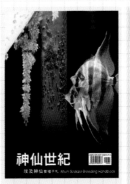

www.leilih.com

W系列專業跨燈

LED LIGHT

120°

Special designed for enhancing COLOR of all tropical fish

Adopt three chips LED to generate multi-spectrum light which is special designed for enhancing COLOR of all tropical fish, especially to make the brilliant vivid fish coloration in red and blue, let you get a charming aquarium.

採用3晶片、多光譜的LED燈泡,針對熱帶魚色彩的顯現,具有極佳的效果。使用R1熱帶魚增豔燈,可使紅色的魚更鮮紅、藍色的魚更綻藍,讓你的魚缸更充滿活力色彩。

熱帶魚增豔燈

W-R1-15 for 45cm tank

W-R1-20 for 60cm tank

W-R1-30 for 90cm tank

W-R1-40 for 120cm tank

W-R1-50 for 150cm tank

R31589

已通過台灣安規認證

特點
- 超薄設計,美觀大方
- 採用高亮度LED燈泡
- 節能省電
- 環保
- 壽命長

Wavelength (nm)

400 450 500 550 600 650 700 750

力系列產品
天然水族器材有限公司
Tian Ran Aquarium Equipment Co., Ltd.

http://www.leilih.com
Tel: 886-6-3661318   Fax: 886-6-2667189
Email: lei.lih@msa.hinet.net

鰕虎圖典 Goby Pedia
- A Handbook for Freshwater and Brackish Species

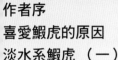

CONTENTS

出版／Publishing House
魚雜誌社 Fish Magazine Taiwan

社長／Publisher
蔣孝明 Nathan Chiang

文字撰寫／Copy Editor
張大慶、曾偉杰

美術總編／Art Supervisor
陳冠霖 Lynn Chen

攝影／Photographer
張大慶、曾偉杰

聯絡信箱／Mail Box
22299 木柵郵局第 5-85號信箱
P.O.Box 5-85 Mujha,New Taipei
City 22299, Taiwan（R.O.C.）

電話／Phone Number
886-2-26628587／26626133

傳真／Fax Number
886-2-26625595

郵政劃撥帳號／Postal Remittance
Account
19403332 林佳瑩

公司網址／URL
http://www.fish168.com

電子信箱／E-mail
nathanfm@ms22.hinet.net

出版日期　2014年5月

國家圖書館出版品預行編目資料

鰕虎圖典 ／ 張大慶, 曾偉杰撰
寫. -- 初版. -- 新北市：魚雜誌,
2014.04
　面；　公分
ISBN 978-986-84527-8-7(精裝)

1.養魚 2.動物圖鑑

438.661　　　　　　103006551

作 者 序

　　明潭吻鰕虎，這是筆者從小就接觸的鰕虎，大約是筆者在學齡前吧，常跟隨大哥哥、大姐姐到溪邊玩時，都會遇見不同的溪魚，記得當時的抓魚工具就只有畚箕，架在流水下游處，從上游的草叢處敲打趕入；或者是徒手捕捉，而徒手捕撈得到的魚就是明潭吻鰕虎的幼魚。能夠以簡單配備飼養，嗜氧性不高，甚至不需打氣就能養活的也就只有鰕虎了。

　　小時候，水利工程進行時，常需暫時將溪水引流至他處，水溝因缺水而乾涸的期間是筆者最快樂的時候，許多大魚都集中在小水池或是貼在已經乾了的低窪處，可以跟著父親提個水桶到溪床去撿魚，父親會一一介紹所撿到的魚蝦，當時我的焦點卻只集中在那些明潭吻鰕虎成魚，我以為和我養的幼魚是不同種，後來才了解大鰕虎和小鰕虎的差異竟是如此之大，甚至公魚和母魚也能判兩魚，這些大大小小的鰕虎都是同一種。

　　隨著年紀的增長，活動範圍也擴大了，透過書籍與朋友的資訊更加了解，鰕虎還真的不只一種，牠們分佈在各地，各種環境甚至各種地形；牠們可以是很龐大也可以是很袖珍，吃肉吃素的都有，體色有的黯淡，有的豔麗，也可以有時豔有時淡，鰕虎，真是可以用五花八門來說。

　　鰕虎魚亞目是一個龐大的家族，如果要見識到全部的成員其實有很大的難度，困難在有很多的成員是居住在海中的物種，對於陸地上的人來說，要進入到海中會有時間與配備上的問題，所以此書僅針對淡水溪流環境，最多到河口的探尋所得的物種來介紹，讀者可以依照書中的環境分類與飼養建議逐一探尋以及飼養。在現今周休二日的工作環境下，利用假日野採是很好的舒壓活動，也可全家一起出遊親近自然。若有機會採得魚蝦時，可參考本書的資訊飼養在水族箱，透過巧手佈置讓家中的水族箱變成大自然的縮影，相信能讓家人間產生更多有趣的討論話題。

在此也要感謝一路以來所有協助過我們的朋友們與各地的鰕虎愛好者，因為有大家的協助"鰕虎圖典"才能順利完成，讓更多人能夠了解與我們共同生活在同一片土地上這些迷人又多樣性的鰕虎。

特此感謝：

黃頌平、邱垂堃、廖震亨、周銘泰、趙宥翔、柯名紘、林春吉老師、孫文謙、蔣孝明社長、阿勇水族、華洋水族、台族水族

中國地區：

謝德林、蕭徽文、夏青華、羅昊、徐俊、黃偉納、張一余、鄂明、文總、張總、石頭水族 - 石頭、賴智順

馬來西亞：林潮湧

お世話になった多くの方々に心から感謝申し上げます。

この本 "鰕虎圖典" の出版により、より多くの人がハゼを知り、またはハゼに興味を持って頂ければ大 嬉しいです。

特別に感謝

渡邊 飛鳥、鈴木 義勇、田村 太郎、中尾 克比古、森 文俊、前田 健 博士 (Dr. Ken Maeda)

蝦虎部落站長

台灣鼠魚網站長

熱愛遊歷自然環境，野採是我努力的方式，不只是蝦虎，我喜歡用相機記錄我遇見的魚以及野地遇見的各種生物。

喜歡戶外活動接觸自然，透過野採可造訪各地的自然環境並了解當地生態。

挑選安全的地方很適合一起出門接觸大自然

在為日本友人渡邊挑魚先生

水中攝影與攝景

礙著魚塭廢下淤積寸步難行

為到尋覓蝦虎等需要翻山越嶺

雖無人煙的地方自然環境
仍保有原始風味喔

常常必須在泥濘中找尋
個體嬌小的蝦虎

5

喜愛鰕虎的原因

魚鬥之美

　　養魚，如何佈置自己的魚缸是一個重要的課題，無論是以人工礁石及陶瓷的景物造型，或是仿溪流的自然材料，塑膠水草或種植的水草、莫絲等，追求的目標不外乎是讓自己的魚缸在家中形成一幅美麗的畫。畫中的主角當然是魚，魚本身的顏色及游動正是美麗的畫中不可或缺的一環。

刻意佈置的岩石、沉木以及水草，配合魚兒的游動，雖然沒有主題仍不失為一幅自然畫作

　　魚的體色，在不同情境與魚之間的各種互動所發生的變化，是飼養者除了在餵食及觀賞之外的重點娛樂；在魚的互相爭鬥時會有肢體擴張之美，如果能順利養成，成熟的魚隻在求偶階段會有婚姻色的表現，這些都是令人滿足的成就。

圖中長鰭馬口鱲（*Opsariichthys evolans*）和平頜鱲（*Zacco platypus*）的異種爭鬥，以及台灣石鮒（*Paracheilognathus himategus*）同類的爭鬥，鰭條盡張，艷光四射正是魚美的時機

鰕虎爭鬥，鬥力也鬥艷

　　既然魚之鬥會有美的呈現，那麼在魚種的選擇上，「鰕虎魚亞目」中的魚類通常具有領域性，飼養 2 隻以上的時候，鰕虎因地盤維護而起的爭鬥最常發生，從對峙到示威的時間長，是最容易觀察到魚鬥之美的魚種，而且某些鰕虎在婚姻色的顯出，比起其他魚種的表現更為華麗，這就是本書之所以推薦鰕虎的原因。

　　鰕虎魚亞目是一個非常龐大的家族，此書從容易取得的種類中，依照棲所環境可以分成三種：

（1）淡水系鰕虎：無論是初級性或是洄游性鰕虎，只要生存環境是在淡水環境中的鰕虎，一般鹽度在千分之三以下即稱為淡水，他們通常可以在完全淡水環境中養成，在本書中我們依照生活溪流型態而分成兩部分介紹。

（1）感潮帶鰕虎：感潮帶即所謂汽水域或說是半淡鹹水區域，該區鹽度通常受海潮影響，退潮時鹽度因溪流淡水流下而降低，漲潮時會因海水湧入，全域鹽度提升到幾乎等同海水，在這樣的環境生活的魚通常是廣鹽性【註 1】，這裡尋獲的鰕虎最好經過淡化【註 2】後才入淡水缸中飼養。

（1）海邊的鰕虎：如果不潛水，僅在退潮後的海邊礁石間的水坑中尋找，我們仍然可以在其中發現多種的鰕虎棲息其中，他們是無法淡化的族群，在飼養方式得仿海水魚方式養成，在本書中僅作魚種介紹，其他就略而不談。

取得來源

　　鰕虎魚亞目，這是條鰭魚綱中的鱸形目下的一個亞目，其下有溪鱧科、塘鱧科、鰕虎科三科，他們有共同的特點就是具有兩個背鰭，對於台灣原生鰕虎，依筆者經驗，在淡水或是河口水域中就可以找到的，比較美麗的鰕虎甚至可以購買方式取得。在本書中會有野採的介紹，大部份種類的體型並不是很大，不但適合在魚缸中飼養，也因為體型小可以一次養許多隻，不只是魚隻本身的美可以看到，群體互動的趣味也有機會觀察，這就是養鰕虎的最大動力。

什麼樣的魚才是鰕虎

　　會稱為鰕虎的魚他們有一個特性，胸鰭特化成吸盤用以停駐在石頭上，甚至能與湍急溪水對抗，能靠吸盤達成上溯溪流的任務，所以有無吸盤以及能否停駐是很重要的辨識點。

　　本書是針對鰕虎魚亞目中的魚類作介紹，塘鱧科及溪鱧科的魚種也包含在內，他們即使在外型上很像其他洄游魚類與平鰭鰍類，可以從雙背鰭的特徵區別出來，讀者可以從魚隻是否具兩個背鰭判斷出是不是鰕虎魚亞目中的魚，相對的同屬底棲魚種的台灣間爬岩鰍（*Hemimyzon formosanus*）、台灣纓口鰍（*Formosania lacustre*）與高身小鰾鮈（*Microphysogobio alticorpus*），他們的外型容易與鰕虎混淆卻只見單背鰭，明顯的並非鰕虎族類。

【鰕虎】

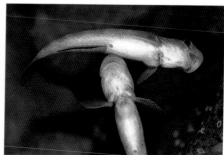

鰕虎靠著特化的吸盤得以停駐在傾斜或是面積狹小的物體，即使在垂直面上也能進行互鬥

【非鰕虎】

經常洄游在水中層的頭孔塘鱧與酷似鰍類的溪鱧，明顯的第一及第二背鰭足以看出牠們仍屬鰕虎

　　所以說，是不是鰕虎族類的判斷，一般來說是以背鰭的多寡可以認定，但是，有通則就有例外，在鰕虎科中的竿鯊屬與鰻鰕虎屬中的魚卻是第一背鰭退化僅剩第二背鰭，或者兩背鰭特化後連成一排，雖有違背鰭數的辨別通則，然而，生物為適應環境的多樣化演進是令人難以想像的複雜，這兩屬的魚演化成長身如鰻的身體，同時也改變背鰭數目，變化如此之大的牠們仍然是鰕虎。

同是底棲並有類似的外型，只是單一背鰭者，不是鰕虎

僅有單背鰭或連成一排，牠們是雙背鰭辨識下的例外，也是鰕虎

註：

（1）廣鹽性（*euryhaline*）是指生物對鹽分濃度變化可承受廣闊範圍的性質。具有這種性質的魚，稱為廣鹽性。棲息於河口附近淡海水域的魚類，還有往返於江河和海洋的迴游魚類等，都是屬於此類生物。

（2）魚對鹽濃度的變化適應能力很強，這並不代表能以較快速度適應鹽分濃度的變化，所以我們必須依據採集環境鹽度所野採到的魚，逐漸降低飼養環境的鹽分濃度，此步驟稱為淡化。

喜愛鰕虎的原因

淡水系鰕虎 （一）

　　溪川的形成要從水滴開始，小水滴隨著下雨落入土壤，再滲出匯集成了溪河，從山上流向平地；小溪流再匯集成大河，有時中間會先流進了水庫，再流入大海，太陽的照射讓溫度變高，把海水變成水蒸氣了，變成了雲朵，下雨，又回到小水滴，如此周而復始。就在小水滴入土壤再匯成溪河初的區段，鹽分最低，水質也最乾淨清澈，而且多半地處山林，涼爽加上景色宜人，這部分的環境最適合休閒戲水，依地形學的說法，源頭到第一個匯流點的河段稱為一級河川，正是上游所在，這種環境的鰕虎可以短吻紅斑鰕虎作為代表。

林下的小溪是短吻紅斑鰕虎最愛的棲所，水淺也能棲息是牠們的特色

　　兩條以上一級河川匯流之處到下一個匯流點間之河段稱為二級河川，對大部分的河川來說可稱為中游，依據地形以及距海的遠近，有些河川的中游應該還要再推到兩條以上二級河川匯流之處以上，這類溪段的鰕虎代表是明潭吻鰕虎、南台吻鰕虎、恆春吻鰕虎，有些迴游性鰕虎如日本禿頭鯊、寬頰禿頭鯊等溯溪能力強者也可以在中游發現。

中游地段的河川稍大，明潭吻鰕虎是最容易找到的物種

　　依河川的長度，從感潮帶以上，往上游推算第一個或是第二個匯流點可以算是下游，此溪段的鰕虎種類就多了，以吻鰕虎來說有大吻、台灣吻及斑帶吻等，當然還有巴庫寡棘與種子鯊、厚唇鯊、枝牙鰕虎等都是在下游淡水環境生活的鰕虎。

　　比較特殊的環境如公園水池、魚塘及水庫等淡水環境，也有非常適合在此生活的陸封型極樂吻鰕虎，不過，牠們也有迴游性族群在下游水域活動。

溪流在感潮帶的上游淡水域，這種環境正是迴游性魚蝦的寶庫

吻鰕虎魚屬 *Genus Rhinogobius*

在本書中吻鰕虎的介紹共十種，分別是初級性的明潭吻鰕虎、南台吻鰕虎、短吻紅斑鰕虎、恆春吻鰕虎及細斑吻鰕虎5種，迴游性的吻鰕虎也有4種，台灣吻鰕虎、大吻鰕虎、斑帶吻鰕虎、蘭嶼吻鰕虎，最後一種是極樂吻鰕虎算是比較特別的一種，它是陸封與迴游兼具的鰕虎。

明潭吻鰕虎

Rhinogobius candidianus (Regan, 1908)

兒時的玩伴鰕虎

高聳的的一背鰭，寬且延長的第二背鰭及厚唇、大口裂是成熟公魚

特徵

　　本種魚屬初級性魚種，在第一背鰭前兩根棘膜上半部前緣呈黃白色，雄魚更明顯，而且第二或第三棘會延長成絲狀，鰭外緣在幼魚時期是透明的，成魚時會有褐色及黃色外緣，要與其他種吻鰕虎區隔，最容易的辨識點是本種各鰭無節點呈放射狀。

雌魚比較秀氣且略有大肚的體型

溪流中上游，大川的小支流，水邊植物茂盛之處原本就富藏魚蝦，也是明潭吻鰕虎喜愛的棲息環境

山谷中較大溪流叢草蔓生，沼蝦及米蝦依附生存，明潭吻鰕虎自然也隨之定居

或許你不知道，底棲魚蝦包括明潭吻鰕虎最喜歡躲在這種環境，把網子架在水流流入之處，翻動石頭後，你會驚訝的發現，原來野採還真是容易！

即使無草可躲的環境，急流與溪邊緩流處仍然可以發現明潭吻的蹤跡

分佈

會稱牠是兒時的玩伴鰕虎，因為這是廣泛分佈於台灣北部、中部及南部都有的鰕虎，可以從宜蘭繞過基隆、金山、淡水，南下一直到高雄，整個台灣西岸都有的鰕虎，是筆者從小就認識的鰕虎。牠們是屬於河川中、上游的強勢魚種；石頭下方及水邊植物庇蔭下方是牠們喜歡躲藏的地方。

野採

要獲取本種須往乾淨或中度汙染溪流的中上游尋找，牠們常棲息在寬廣水域的緩流區或岸邊草叢下方，水流湍急又充滿石礫的區段也有；雖說很多地區都可以抓到本種，甚至筆者也在花蓮抓獲過明潭吻鰕虎，雖然同種但外型因區域與個體差異，在體色與背鰭形狀與大小都有程度上的不同。

上網的明潭吻鰕虎公魚，又尖又亮的第一背鰭令人眼睛為之一亮

飼養

公魚的地域性極強，飼養不只一隻公魚時在缸中的佈景規畫就需要隔出不同的地域，最好是以高低落差來區隔，但對於小缸來說是比較困難，這時也可以佈置較複雜的

環境，以防兩雄屢屢相見，常常較勁的結果容易造成魚隻疲累折損。

　　兩雄相爭時互吼是看頭十足的畫面，這種情形在剛入缸時或有新魚加入，地盤不明時，兩隻魚面對面接觸經常發生，示威的時間長短不一定，通常是吼個幾下優劣立現，如果兩隻魚的體型相當時，就不容易吼出勝負，不但示威時間較長甚至會互咬起來。

位於中部的大安溪中游處常可以抓到中華花鰍（*Cobitis sinensis*），這是野採明潭吻的額外獎品

野採明潭吻鰕虎時，粗糙沼蝦（*Macrobrachium asperulum*），牠們普遍存在中上游的水域，是常伴隨採到的沼蝦

看鰕虎爭鬥是很精彩的畫面，鰕虎打哈欠、示威又是另一番樂趣！

短吻紅斑吻鰕虎

Rhinogobius rubromaculatus (Lee & Chang, 1996)

台灣最美的吻鰕虎

特徵

身上密佈許多紅色或褐色細小斑點，吻部、頰部及鰓蓋上皆有許多紅色、橘紅色或是褐色斑點。第一背鰭的下半部鰭膜，有一黑藍色亮斑；本種最容易被誤認為斑帶吻鰕虎，最大不同是牠的吻部較短且斑點更為明顯，幼魚及亞成魚在公母上並無明顯差異，但是成熟公魚

公魚紅且鰭具寬且整齊的白色外緣，母魚仍然會微紅，顯的秀氣

新店靠近坪林山區，茂林下的小山澗中，短吻紅斑在這是紅的

中部的大安溪，在較開闊的水域環境尋獲的紅斑體色較黑

的背鰭具白色外緣就相當明顯，由於本種具非常明顯的區域差異，故體型及體色在不同區域，甚至同區域不同溪流都會有程度上的差異，依筆者經驗，最小的是在林邊溪上游的族群，最大則在埔里山區曾發現 7.5 公分以上的族群。

分佈

台灣北部及中、南部甚至到高屏溪以南都有，原則上，中央山脈以西的各溪流水系都可尋獲牠們的蹤跡。

短吻紅斑吻鰕虎為溪流中、上游的小型魚類，是吻鰕虎魚類中的典型陸封型魚種，初級淡水魚類。常棲息在小型的支流裡，或主流區的小分流、緩流區、等環境中。牠

們是可以生存在淺水域的鰕虎，小山澗、小山溝中僅數公分深的水就能繁衍。

野採

　　由於短吻紅斑吻鰕虎大部分是深居山林小溪，也許是因為陸封的近親相交結果，在山林小澗發現牠們時，避敵的敏銳程度不強，抓牠們僅需要魚缸用的小撈網即可，甚至徒手也可以手到擒來。

　　本種最有趣在於牠們的區域差異，筆者北從瑞芳山溪，坪林山澗到新竹尖山，中部的苗栗山區及大安溪支流，再往南到埔里、斗六甚至到屏東林邊溪支流上游尋獲的短吻紅斑吻鰕虎都不盡相同，其差異甚至判若兩魚。

　　所以在新竹以北所採的可說是紅斑鰕虎，不只斑點紅，體色也紅但身上斑點偏橘紅色。

新竹尖石鄉路邊的水溝就有短吻紅斑棲息，野採到魚隻竟有 5 公分以上，顯示該處雖然水淺，但位置隱蔽且食物豐厚

　　中部地區採的體色黑，相對鰭外緣更加雪白，也被貿易商稱為"白尾狐狸鰕虎"。而埔里、斗六地區所採的屬於頭大型，戲稱"大頭狗"型的紅斑鰕虎。

　　南部所採獲的體型小，不紅，甚至有些地區的紅斑其斑點甚少，鰭偏黃色，"小黑人"、"黃鰭鰕虎"都有人叫。

　　一般來說，林下小澗尋獲的紅斑體色會比較紅，而在開闊溪川尋獲的紅斑偏黑，這或許是在棲所環境中，為了避敵而長期演化的結果。

埔里山區採到的紅斑體長即超過 7 公分以上，是目前尋獲體型最大的紅斑

飼養

　　一般野採到的紅斑約 3~4 公分的亞成魚，此時有些雄性特徵已經很明顯了，美麗自然是飼養此魚的重大目的，而且入缸後，牠們可以長到約 6 公分，這是很難野採到的，如果不是在魚缸中養大，還真是無緣見到牠的美。

　　養在魚缸中的紅斑，兩雄相遇互吼示威的行為，頻率比其他種更多，但是要真的打起來還是需要體型相當的情況下才會，大部分會接近的互吼比較一番就撤退了。

　　台灣的吻鰕虎中，紅斑是最普遍能被接受的鰕虎，不只是美麗，牠也是最為溫馴的吻鰕虎，在魚缸中，特別是有種水草的魚缸，紅斑爬行、穿梭在缸底，綠葉中的紅最能將魚缸點綴成更美的一幅畫。

恆春吻鰕虎

Rhinogobius henchuenensis (Chen & Shao, 1996)

恆春半島的鰕虎

特徵

初級性魚種，是台灣特有種。牠的鰭外緣的鵝黃色相當明顯，和明潭吻鰕虎的差異在第二背鰭及尾鰭具垂直排列斑點，從鰭的節點或是從地緣上來辨識，容易與花東的細斑吻混淆，鰭外緣的鵝黃色和臉部並無密佈的細斑點恐怕是比較有效的區隔重點。

公魚的特徵在吻裂較大以及第一背鰭高聳

恆春吻在屏東半島的西岸，族群似乎不豐且溪大河寬增添採獲的困難度，反而在東岸溪流族群數量多且在林蔭下野採舒適多了

其中一隻螯內側佈滿細毛

分佈

　　恆春吻鰕虎為溪流的底棲小型魚類。分佈於台灣南部的楓港溪以及四重溪，還有港口溪流域的中上游。

野採

　　既然名為恆春吻鰕虎，那麼要能野採到本種鰕虎就必須到恆春半島去找尋；對於這恆春半島才有的鰕虎，要抓到牠首先到達的便是楓港溪，再來是四重溪，這兩條溪的水域寬廣，要採到牠著實不易，如果是夏天更是酷熱難當，再說，要抓魚得找魚群較豐富的水域，如此才能捕獲美而優的魚；在港口溪流域的棲地就比較適合，不過，因為此魚屬初級性魚種，必須到中上游才能發現牠的蹤影，這時溪邊的環境因為有樹木的遮蔭，不但涼爽且食物較豐，魚群也較多，這才是野採恆春吻的理想棲地。

　　毛指沼蝦（*Macrobrachium jaroense*），這是迴游性的沼蝦，筆者在多年前第一次去採恆春吻鰕虎的途中，在湍急水流處不經意的抓獲此蝦，非常粗壯的沼蝦。

飼養

　　飼養恆春吻鰕虎，欣賞牠們鵝黃色的鰭外緣是一個重點，儘管個頭比其他吻鰕虎小，鰕虎的地域性在牠們身上卻毫不遜色，關於吻鰕虎的飼養，地域爭奪戰總是不可忽略的重點。在溪中通常以 3~5 公分較為常見，最大可達約 7 公分左右。

恆春吻鰕虎

台灣吻鰕虎

Rhinogobius formosanus (Oshima, 1919)

鯨面的鰕虎

特徵

　　如果不看其他部分僅看頭部，台灣吻的頰部如黥面的紅紋是很好辨識特徵，身上具藍色光澤，特別是母魚在腹中懷卵時呈亮藍色的肚子，而且不只是母魚，雄魚在求偶時期身上的藍色光澤更為耀眼。

公母的分辨在吻裂差異非常明顯，第一背鰭的高聳以及第二背鰭的延伸也是公魚的特徵

分佈

　　台灣吻鰕虎屬於典型的溯河迴游魚類。仔魚孵化後，會漂流到河

在宜蘭位於出海口附近無感潮帶的水域台灣吻喜好的棲所

繁殖季節採到的公魚體色亮藍，非常亮眼

台灣沼蝦（*Macrobrachium formosense*），牠能回溯的距離比台灣吻更上游，常在抓台灣吻鰕虎時發現牠

川下游、河口或水庫中，成長後再溯到溪流的中、上游。僅分佈在台灣北部。以前說是名古屋吻的台灣亞種，所以學名是 *Rhinogobius nagoyae formosanus*，後來又有學名無效的爭議等等，最近終於正名為台灣吻鰕虎 *Rhinogobius formosanus*。

野採

　　此魚即使在宜蘭南部還有相當大的族群，從北而南尋找會發現漸漸和大吻鰕虎會有共棲的情形，從宜蘭北端至南端，台灣吻與大吻鰕虎族群略見消長，愈往南則大吻族群逐漸取代台灣吻鰕虎；在較大溪流處此魚甚至成群在溪底活動，牠們的族群數量多，密度甚至比明潭吻更高。

　　在魚群數量龐大的地方，要野採本種可以在水流平緩處網到，不過，此魚在體型達 7 公分以上時會占據石頭下方用以藏身，也會棲息於水流湍急的石頭旁，當然，也有不少大魚在外閒蕩，這時就可以用蝦網捕捉。

長約 7 公分的成魚在水邊就可以見到在水底悠然自得的樣子

餵食黑殼蝦，可以看見牠一口吞下，圖中的黑殼蝦就真的大了點，但是仍然可以用牠的大吻一口就制住

飼養

　　最大體長：通常以 3~6 公分較為常見，最大體長可達約 9 公分。台灣吻的體積算是大型了，亮藍色的體色配上頰部紅色網紋是牠最好看的時候，牠也是少數能將黑殼蝦一口吞下的大型鰕虎，欣賞兩雄對恃以及獵殺黑殼蝦總是讓人印象深刻，母魚肚中的卵成熟時會呈現藍色，體色卻是會黯淡許多，這時候公魚會在石頭下方挖洞準備迎接母魚產卵，只可惜此魚是迴游性鰕虎，要養活浮游態的幼魚著實不容易。

體斑的顯現使得台灣吻乍看下是兩種魚

台灣吻鰕虎

生氣或打哈欠都會讓背鰭伸展，更顯得 雄壯威武

大吻鰕虎

Rhinogobius gigas (Aonuma & Chen, 1996)

台灣最大的吻鰕虎

特徵

　　辨識大吻最主要是看頰部靠近眼睛是細條狀斑紋，愈往下會有點狀斑紋，這種頰部的紋路只有蘭嶼吻與之相似，成熟公魚頰部相當鼓出、口大且唇厚，只有第二背鰭有節點；幼魚時期頭部斑紋簡單化，不容易辨別，可從第一背鰭基部有大面積黑斑塊來辨認。

大吻成魚公母性別從口裂可以分辨出來，母魚還會在第一背鰭基部保留些許黑斑塊

分佈

　　大吻鰕虎魚為溯河迴游魚類。仔魚孵化後，漂流至河口或沿岸海域，成長至約 2 公分後再迴溯至溪流中棲息。偏肉食性魚類，喜好攝食小魚、水生昆蟲及底棲無脊椎動物等。分佈於台灣宜蘭南部、花蓮、台東各地區的溪流中下游中。

稍微偏北的宜蘭溪流中，水流湍急處也能尋到大吻鰕虎

通常為 5~8 公分，最大體長可達 11 公分左右。比起台灣吻鰕虎還大上 2 公分，在吻鰕虎中體型最大。此魚在宜蘭的北部溪流也有但數量不多，蘇澳溪以南至花東的中下游則常見，尤其是在近河口的淡水域。

大吻鰕虎抵禦湍急水流的能力很強，即使與台灣吻混棲也幾乎是占上較湍急的水流處。

宜蘭南部溪旁水潭也可以看到牠們的蹤影，水緩潭區就可以在岸

花蓮溪河口可以在退潮後的石礫中見到許多大吻幼魚

邊見到大吻的水中模樣了，和在缸中土灰色系體色不同，或許是體斑的浮現，有助於迷亂來自空中掠食者的眼睛。

27

大吻鰕虎

幼魚時期的大吻鰕虎

同為週游性的南海沼蝦（*Macrobrachium australe*），有機會與大吻鰕虎同時抓到

飼養

　　飼養這種粗壯的鰕虎幾乎是沒甚麼問題，但是混養其他鰕虎或行動較遲緩的魚種時，大吻鰕虎的存在是非常頭痛的困擾，要不遭大吻吞噬或含咬得有過"魚"之處；即使純養大吻鰕虎時，太小的缸子也容不下兩隻公虎，兩雄之爭在大吻身上格外劇烈，在所有吻鰕虎中是最容易打鬥到死傷的鰕虎。

蘇澳南方的金岳湧泉池中，大吻鰕虎是優勢鰕虎，可見三三兩兩在溪底活動，斑駁的體斑掩入溪底形成最佳保護體色

大吻鰕虎

打哈欠時可以見到的大口是主要的利器，大吻鰕虎的兩雄之鬥可是會打到飛砂走石，劇烈的很

大吻鰕虎

南台吻鰕虎

Rhinogobius nantaiensis (Aonuma & Chen, 1996)

南臺灣的吻鰕虎

公魚第一背鰭高聳，唇厚且吻裂大

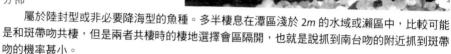

特徵

　　背鰭與尾鰭呈放射狀無節點，除了棲地與明潭吻鰕虎區隔之外，外貌幾乎與之相同。

分佈

　　屬於陸封型或非必要降海型的魚種。多半棲息在潭區淺於 *2m* 的水域或瀨區中，比較可能是和斑帶吻共棲，但是兩者共棲時的棲地選擇會區隔開，也就是說抓到南台吻的附近抓到斑帶吻的機率甚小。

野採

　　從名稱看來，南台吻就是分佈在台南的曾文溪流域中的鰕虎。而事實上從曾文溪抓獲的所謂南台吻，傳聞在 *DNA* 鑑定上，牠們仍是明潭吻鰕虎居多；一般來說我們野採並不會具備 *DNA* 鑑定工具，而為了消除仍然是明潭吻的疑慮，最恰當應該更南端到高屏溪以南去尋找，如此比較能順利尋獲南台吻鰕虎。

飼養

最大體長：通常以 4~7 公分的魚體最為普遍，最大體長約為 9 公分。從小養一群吻鰕虎時，可以從中發現，牠們最大的威脅來自同類的競爭，適者生存，不適者淘汰，這種進化的必要過程在小鰕虎時期就已經不斷的進行，最後留下的便是強者。

斑帶吻鰕虎

Rhinogobius maculafasciatus (Chen & Shao, 1996)

南臺灣的吻鰕虎

特徵

　　貌似明潭吻等褐色系吻鰕虎，唯在第二背鰭與尾鰭密佈節點，卻又與短吻紅斑一樣在第一背鰭基部會有金屬藍點，而且紅斑處也相同，但是斑帶吻的紅斑點分佈整齊，並不像短吻紅斑的斑點雜亂分佈。

分佈

　　斑帶吻鰕虎為河海迴游魚種。常棲息低海拔溪段的急流、瀨區、潭頭等水域之中。為台灣地區所特有的新種。已知分佈於台灣南部的曾文溪及高屏溪流域的下游水域中。

野採

　　南臺灣的吻鰕虎還有一種就是南台吻鰕虎，如果從曾文溪流域以南的河川下游開始尋找，低海拔的中下游會先尋得斑帶吻，再往上游才會找到南台吻鰕虎，其中某些溪

母魚在第一背鰭藍點及鰭外緣顏色不若公魚明顯，吻裂大及厚唇當然也是公魚的性徵

好鬥的斑帶吻，即使對手比牠粗壯也照兜不誤

斑帶吻鰕虎

斑帶吻鰕虎

同種纏鬥或異種爭鬥的斑帶吻都是最好看的畫面

段還會有共棲的情形，但透過兩者在鰭點上的差異還算明顯可分。

飼養

　　斑帶吻鰕虎通常以 4~6 公分的魚體最為普遍，最大體長約為 8 公分；關於牠的分佈傳聞有在新竹地區抓穫，另外，據說也尋獲疑似陸封型斑帶吻，當然，這些資訊還需要學者的證實。

　　關於斑帶吻的差異也有許多看法，第一背鰭棘會延伸成絲狀、某些地區的第一背鰭不具藍點等，對牠們的印象是"好鬥"，原本在缸中飼養的斑帶吻兩雄互吼原本就是眾吻之最，最常吼也吼的最用力，曾經有一次，在水族館中看到客人魚袋中的斑帶吻，原本在驚惶未定情況中的魚，乖乖地縮在袋中角落是正常的，而魚袋中的斑帶吻竟然就互吼爭起地盤了，真是令人又驚又愛。

　　右圖中的斑帶吻是曾經出現在市面上的"藍點鰕虎"，也是傳聞中陸封型斑帶吻，圖中除了體色與身形和左圖的斑帶吻不同之外，最明顯差異在頭部腹面的花紋，一者為點狀而另一種是短條狀。

細斑吻鰕虎

Rhinogobius delicatus (Chen & Shao, 1996)

花東特有的鰕虎

公魚的一背鰭並沒有特別的延長，第二背鰭會有延伸加長，母魚除了第二背鰭會呈扇形之外，頰部的斑點較為稀疏

特徵

　　本種在第二背鰭及尾鰭具明顯節點，最特殊是頰部佈滿細圓斑點，會稱之為細斑吻鰕虎多半也是此項特徵而來。

細斑吻鰕虎

圖中是花蓮水璉村的棲息環境

分佈

　　細斑吻鰕虎分佈於台灣的花蓮、台東的溪流中、上游水域。大多成群出現在岩石上或石頭縫隙中，或藏匿在水生植物下方。

野採

　　既然是花東特有鰕虎，要野採就得到花蓮或台東才有機會，而且牠們是初級性鰕虎，太接近河口的水域不容易見到，必須從較遠離河口的中游以上會見到較大的族群；記得，第一次尋找此鰕虎時是先到花蓮的河口尋找，當然是無所獲，當時還電話求助友人仍無結果，臨放棄前突然念頭一閃，既然是初級性鰕虎，自然是會在中上游，緊急從地圖上查通出往上游的產業道路後才找到族群棲息所在，還真的是族群豐富；印象最深的是和牠們共棲的有不少大和米蝦、衛氏米蝦等，碩大體型比比皆是。

（左）大和米蝦（*Caridina japonica*），（右）衛氏米蝦（*Caridina weberi*）在當地不但數量眾多且體型碩大，可見食物豐富，不單是細斑吻適合的環境，也是米蝦的快樂天堂

蟄伏的雄魚，體斑浮現有助於隱身環境中，臉部的細斑顏色更深就如刮完鬍子後臉上的鬍渣

飼養

　　一般為 3~6 公分，成魚可達約 8 公分左右；在棲地牠們會成群出現顯示地域性不強，不過養在魚缸中觀察，既然名為鰕虎多少會有地盤的占領行為，但本種領域觀念較他種鰕虎為弱，嘗試在缸中多養幾隻。

一般來說，成熟公魚都會在石頭下方挖砂築巢，待母魚腹中的卵呈黃色時代表已成熟，接近臨盆時體色變白並邀公魚在洞穴中產卵，並由公魚受精後保護至小魚孵出。

　記得筆者飼養時母魚竟然將卵產在缸壁上，大又白的卵顯示牠是陸封初級性魚種；會在缸壁中產卵表示公魚未能及時築好母魚滿意的窩，或沒讓母魚看上眼的公魚，然缺乏公魚保護的卵很快便被其他的魚吃掉了。

公魚的背鰭無延長，明顯泛黃的鰭外緣及頰部滿佈的細斑顯見雄風

雌魚腹部呈黃色，體色慘白後幾日便產卵魚缸壁上

蘭嶼吻鰕虎

Rhinogobius lanyuensis (Chen, Miller & Fang, 1998)

蘭嶼的特產

蘭嶼吻鰕虎公魚，尾鰭明顯的節點是本種與大吻鰕虎最大的區別

Photo by 林春吉老師

特徵

公魚尾鰭具垂直向的褐色點紋，母魚體側中央見一列深褐色之水平的點紋

分佈

台灣蘭嶼的特有種，分佈在蘭嶼較大而穩定之溪流中。

野採

蘭嶼是一個充滿海島特色的地方，是海洋資源豐富的小島，大大小小的溪流竟也有近10條之多，溪流的特色是上游水量比下游多，溪水多半以下滲或走伏流的方式入海，只有在春夏豐水時期魚蝦才有機會上溯，本種為溯河迴游魚類，對於在比較小或是水量不穩定的溪流中較少發現，要取得本種僅在終年有水的較大河川中才有機會找到。

野採上的蘭嶼吻顏色也和台灣吻一般泛著藍光

Photo by 林春吉老師

被天秤颱風炒過的溪床，雖然已經整理過了，但是，凌亂的石塊及散落的樹根可以想像大自然的威力

蘭嶼吻鰕虎

後記

筆者到蘭嶼時正值怪颱天秤挾十七級強陣風、十公尺高的巨浪重創蘭嶼之後，「廢墟」是目睹者對這顆「台灣最後的珍珠」災後慘狀的描述。所以，面臨整個像被炒過的溪床，搜尋後竟然無所獲，「來對時間」映照在這原本垂手可得的蘭嶼吻身上竟然這麼明顯；為了讓讀者一睹此吻的風采，乃求助原生魚前輩林春吉先生，前輩也非常熱心地在首次拜訪時即允諾提供此魚的照片，事實上，來對地方卻選錯時間，到蘭嶼沒抓到蘭嶼吻鰕虎，原本是令人沮喪的事，因此而得以認識林老師卻是更大的收穫。

極樂吻鰕虎

Rhinogobius giurinus (Rutter, 1897)

公園的鰕虎

陸封型公魚

陸封型母魚

迴游型母魚。公母的辨認除了在第二背鰭有延長與加寬之外，鰭外緣會有黃紅邊

迴游型公魚

特徵

　　本種魚比較特殊，牠們原屬於河海迴游魚種，後來有些族群適應了水庫以上的溪河以及湖泊、野塘，成了陸封族群，在吻部、頰部及鰓蓋上散佈有向前斜下走向的蠕蟲狀且呈黑褐色的斑紋及斑點。

　　不論是迴游型或陸封型，雄魚最容易辨認之處在背鰭外緣會有黃色帶，黃色帶的外側是紅色，尤其是第二背鰭還會有延長加寬，母魚的第二背鰭較小甚至僅呈扇形，鰭的黃紅外緣明顯程度各地區皆不同，愈明顯就顯得愈艷麗；迴游性的極樂吻鰕虎與陸封型最大差異在於吻長，"長吻極樂"指的就是迴游型。

分佈

　　陸封型分佈於台灣全省的水庫、野塘溪流甚至河口都有，要獲得此種鰕虎，公園水池邊、水庫及野塘旁邊的淺水區可以找到；迴游型的極樂吻則需在靠近河口的溪流，純淡水區域可以找到，由於迴游的幼魚必須通過龍蛇雜處的河口，存活的機會自然不如單純的野塘，所以數量並不像陸封型那麼多，但是春夏之際正值幼魚迴游季節，這時族群數量是最多的時候。

桃園公園水池棲所

迴游性極樂多在河口附近水緩潭區棲息

高體鰟鮍

台灣石鮒是最適合與鰕虎混養的魚種，幼魚雖小但略寬的體型要將牠們吞食可不像流線型魚種那麼容易

野採

　　由於公園水池、水庫及野塘較常見是台灣石鮒以及高體鰟鮍（牛屎鯽），很少注意底棲的極樂吻鰕虎，所以當初在眾溪流中尋覓極樂吻鰕虎，屢尋不獲，還是經友人點破，帶我到公園水池採集，沒想到公園水池與野塘才是極樂的大本營，這種水質不甚乾淨的水域，卻能蓄養穩定數量的族群，帶隻小撈網蹲在岸邊撈小幼魚，或是晚上丟個蝦籠下去，隔日，整籠的極樂吻多到可以任君挑選呢！

極樂吻鰕虎

飼養

　河海迴游型幼魚具較長浮游期，陸封族群則較短，要在魚缸繁殖自然是陸封型要來的容易。公魚的領域性很強，魚缸若不是兩尺缸以上儘量不要養兩隻以上的公魚，本種，魚的相互示威不只是公魚，母魚互吼的機會也常發生。

　在經驗上，此魚在幼魚時期同類競爭相當激烈，食物的爭奪、地盤維護的爭鬥經常發生，往往同缸飼養 10 隻幼魚，等到成魚時候僅剩 2、3 隻。

　極樂吻鰕虎不像前種紅斑鰕虎那樣的紅，但是公魚的第二背鰭較為寬大，配合黃紅色鰭外緣，武力與艷麗兼具的美，比起短吻紅斑鰕虎是毫不遜色。在大陸，此品種也分佈在中國，稱

為"子陵吻鰕虎"，比起以音譯的"極樂"多了幾分皇族氣息，有一次因貿易商錯認而買到大陸的子陵吻鰕虎，那隻還真是我看過最美的極樂吻鰕虎。

　　既然是連公園水池都可尋獲的鰕虎，許多人都有飼養經驗，河流抓到的極樂也有，溪流型與湖泊型的差異是顏色上，湖泊型要艷麗些，不但在臉部紅紋顏色較深，背鰭紅黃外緣更黃更紅，但是這些差異都不及迴游型極樂與陸封型的差異。

　　迴游型極樂資訊是比較少的一環，除了吻部較長，臉需蠕紋較短，乍見如網紋，另外，成魚的唇更厚讓牠看起來似吻又似鯊，有時還像是叉舌鰕虎。

吻鰕虎的辨識

　　說起吻鰕虎，不論是陸封或是迴游型，牠們清一色都是活躍在淡水溪流的物種，我們到溪邊或公園戲水時常會遇見牠們，除了極樂吻體色偏黃，紅斑的變化大，其他的鰕虎體色大多偏土灰色系，要辨識牠們得從頰部紋路、背鰭與尾鰭節點來區分，當然每種鰕虎所屬棲地參考也相當重要，特別是母魚或未成熟的幼魚，在臉部紋路簡單化以及背鰭節點多半不明顯而呈透明狀時，棲地佐證就相當重要了。

1. 頭部紅紋

　　典型如明潭吻鰕虎，眼前及眼下方各有一紅（褐）色斜紋，除了極樂吻以及大部分短吻紅斑沒有之外，其他種都有。

　　如果沒有，有很大的機率就是極樂吻鰕虎。極樂吻的臉部紅蠕紋有六條，並不是只有兩條而已。

2. 第一背鰭基部有藍色斑塊

　　眼前及眼下加起來有兩條紅紋，第一背鰭基部有金屬色斑塊者，不是短吻紅斑就是斑帶吻鰕虎。

　　左為短吻紅斑，右為斑帶吻鰕虎，同樣有金屬色斑的第一背鰭，紅斑吻身體的紅斑點是不規則分佈，斑帶吻則是整齊排列，斑帶吻的吻部也較突出。

3. 差異大的臉部特徵

　　剩下的七種吻鰕虎中有三種臉部特徵是可以區分出何種吻鰕虎的，台灣吻鰕虎、大吻鰕虎及蘭嶼吻鰕虎。

　　台灣吻鰕虎的臉部有如鯨面的放射紋是很好辨識的吻鰕虎。

大吻及蘭嶼吻雖然身體花紋略有差異，但是看起來差不多，最大差別在尾鰭節點。

眼下紅紋都是短條紋及密佈的斑點，頂部還有數條往後的條紋，尾鰭無節點呈放射狀者就是大吻鰕虎。

尾鰭節點密佈者是蘭嶼吻鰕虎。

4. 放射性紋路，全無節點的鰭

剩下四種之中，如果背鰭、尾鰭呈放射狀全無節點者，不是明潭吻就是南台吻鰕虎，這時就得看是在哪裡抓的，高屏溪以南抓的有很大的機率是南台吻鰕虎，反之，高屏溪以北是明潭吻鰕虎，要再更確定可能需作 DNA 鑑別。

左為南台吻，右為明潭吻

如果第二背鰭及尾鰭有節點，恆春吻或細斑吻鰕虎，恆春吻的鰭外緣會有明顯的鵝黃色，細斑吻體色較土灰，但是顏色的辨識會因個體本身就有深淺之別而誤認，最好是有看到頰部滿是細斑點就可確定是細斑吻鰕虎，最重要仍然是棲地所在，若是台東與屏東交界處附近較難確定。

吻鰕虎的辨認的確由於某些物種的相似度，又因為會隨環境而改變體色、體斑的特性，造成辨識上的困惑，參考棲地所在會比較好辨識，有時用刪去法再配合以上四點對辨識吻鰕虎比較有幫助。

吻鰕虎在飼養上，不容易與過小的其他物種混養，尤其是游泳力不佳又常在底層活動的魚種，即使是常在上層活動的孔雀魚，也會因鰕虎的掠食習性而躍上啃咬，破鰭或被吞食常發生，即使是養同一種吻鰕虎，在數量過多時，也會因其地域性作祟而有汰弱的情形發生。

吻鰕虎的辨識

上為細斑吻鰕虎，下為恆春吻鰕虎

阿胡鰕虎魚屬 Genus Awaous

本屬在台灣溪流已發現計有兩種，眼斑厚唇鯊及曙首厚唇鯊兩種，遇敵受驚嚇時會迅速藏入沙中是本屬的特性。

眼斑阿胡鰕虎

Awaous ocellaris (Broussonet, 1782)

眼斑厚唇鯊、愛藏沙的鰕虎

特徵

　　上唇前部肥厚，前端突出，包被下唇。所以牠們稱作厚唇鯊，第一背鰭膜後部具一略圓的大型黑色斑塊，此斑塊在幼魚期則較大而明顯，漸長至成魚時體型加大卻不見黑色斑塊隨之增大。是迴游的魚類，成魚在溪流中產卵繁殖，多棲息在較緩流的潭區裡；仔魚孵化後，隨溪水漂流至河口，幼魚則再成群地回溯清澈的溪流中。

亞成魚及幼魚的眼斑厚唇鯊

分佈

　　台灣東部以及南部水質較清澈的溪流中、下游水域較為常見，西岸則在北部較常見到。

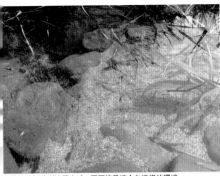
水邊植物延伸到沙質水域，厚唇鯊最適合在這樣的環境

野採

　　一般為 3~6 公分，本種成魚個人曾經抓過達 9 公分，雖說在近河口處常見，但數量並不像其他鰕虎多，大多時候僅捕獲 1 隻，最理想是在三尺缸中養個 10 隻，一來可以觀察族群間互動狀況，二來能確定公母魚差異。

　　野採時總是在不經意的情況下抓到牠，尤其是在具沙質的棲所，完全符合牠們愛藏沙的特性，在緩流區、水靜的沙地抓眼斑厚唇鯊時，通常可以見到牠們迅速鑽入沙中，拿隻小網封在鑽入處附近，徒手挖沙來驚擾就可以見到牠鑽出並落入網中，這也是本種野採的樂趣。

飼養

　　飼養在缸中要確保水質乾淨，牠們對水質的要求比吻鰕虎要高；初入缸時鑽沙頻率較高，常找不到魚，久養習慣後則不再鑽沙；食性上屬濾食，常見牠們將頭埋入沙中，濾出有機物後再將沙吐出；既然是濾食有機物為主食，不具掠食性的本種很適合與其他物種混養，不過，既然是鰕虎，驅趕其他魚自然是難免，這不影響其他魚隻的安危，反而增加魚缸中魚隻互動的可看性。

眼斑阿胡鰕虎

黑頭阿胡鰕虎

Awaous melanocephalus (Bleeker, 1849)

曙首厚唇鯊

特徵

    上唇前部肥厚，前端突出，包被下唇。和眼斑厚唇鯊差不多，但是，沒有鰭膜後部的眼斑

分佈

    台灣全省，只要未受嚴重污染的溪河下游區及河口區都可以找到。

野採

本種與眼斑厚唇鯊棲地幾乎重疊，每當尋獲厚唇鯊時，第一背鰭的眼斑是分辨的重要依據，沒有眼斑者就是曙首厚唇鯊，從河口區半淡鹹水至中下游的淡水域中的沙質地都可以抓到牠。

飼養

牠與眼斑厚唇鯊一樣是濾食為主，不一樣是本種依文獻記載可以長得比眼斑厚唇鯊還大，約達 14 公分，對純淡水鰕虎來說，超過 10 公分以上的鰕虎就算是大型鰕虎了，碩大的曙首厚唇鯊不會被欺侮，也不會動其他的魚，以混養的角度來看是不錯的魚種；但是，同類的地域競爭可就難免了，同樣是曙首厚唇鯊仍然會為了地盤或是相遇不爽，示威叫囂甚至小鬥起來。

黑頭阿胡鰕虎

雷鰕虎魚屬 Genus *Redigobius*

雷鰕虎在台灣淡水域中計有兩種，拜庫雷鰕虎和金色寡棘，關於金色寡雷鰕虎筆者也曾尋獲一隻，可惜無緣留下其美麗身影，故本屬僅介紹拜庫雷鰕虎。

拜庫雷鰕虎

Redigobius bikolanus (Herre, 1927)

巴庫寡棘鰕虎、蜂鳥般的鰕虎

左圖頭大口裂大者是公魚，母魚口裂僅達眼前方

特徵

　　背側及腹側各具一列黑斑，基本上，第一背鰭接近基部會有一黑圓斑，其上有時會有另一圓斑或橫跨第一背鰭的斑塊。背鰭外緣一般是淡黃色，有的會接近暗紅色，牠們是經常停留在水中層的鰕虎，正如蜂鳥一般。

分佈

　　分佈於台灣東部低海拔且水質清澈的溪流接近河口處的淡水域，河口感潮帶也常見到牠們的蹤跡。

宜蘭靠近海邊的淡水溝渠中，有大量族群棲息

野採

　　拜庫雷鰕虎喜好棲息於清澈的小溪流或較無污染的河川下游緩流區的淡水域；不好游動，常停棲於有枯枝、落葉等沉積物的附近活動覓食。牠們體積小，一般為 2~3 公分左右，成魚可達 5 公分左右，在大型的河川中通常棲息在岸邊較淺且有雜物可躲之處。

　　為了躲避大型魚隻的掠食，在接近河口的小支流或排水溝中才可以見到較大的族群；在感潮帶的水邊植物根部也常有零星的族群棲息，不同溪流的拜庫雷鰕虎會因棲息環境而有不同的捕獲體色。值得一提是，在經驗上，拜庫雷鰕虎還存在有一種第一背鰭是尖的族群，第一背鰭第一棘有時還會延長成絲狀，稱之"尖鰭"拜庫雷鰕虎。

飼養

　　在混養上，本種雖小但是行動敏捷，加上

牠們如蜂鳥般的停留水中層習性，巧妙地與底棲鰕虎區隔地域，是非常適合混養的鰕虎；純養拜庫雷鰕虎單種時，鰕虎性格的地域性則會表露無遺。

　　平常，公魚總仗著體型優勢驅趕母魚或與之爭食，本種的母魚在腹中卵成熟時，腹部呈淡紅色，為了尋求絕佳的產卵地方，母魚全身變黑也開始會有強烈地域性出現，其他母魚或公魚靠近一律驅趕。

這種尖鰭拜庫雷鰕虎的第一背鰭能延長成絲狀

大腹便便的母魚，開始顯出強烈的地域性

拜庫雷蝦虎如蜂鳥般停駐在水中層的功力可是勝過所有的蝦虎

狹鰕虎魚屬 Genus Stenogobius

狹 鰕虎魚屬在台灣有 2 種，條紋狹鰕虎和眼帶狹鰕虎，兩者都叫種子鯊，種子鯊和高身種子鯊，在外型上也有幾分相似，族群數量卻差異很大，提到本屬的鰕虎時，表示本書將介紹的野採區域已經很接近河口了，因為本屬鰕虎橫跨汽水域及淡水域。

條紋狹鰕虎

Stenogobius genivittatus (Valenciennes, 1837)

種子鯊

特徵

　米黃色的身體，修長的身型，眼下方具一約垂直的水滴狀黑色斑點，背鰭上方外緣呈紅色，身體橫面有許多條細窄的黑色橫線。

分佈

　台灣北部、東部及南部溪河的中下游區。

公母魚的差異除了體型之外背鰭樣式也不同，第一背鰭較平是公魚而呈扇形者是母魚，公魚的背鰭紅緣也比較寬

58

條紋狹鰕虎

有沙的水域是種子鯊最愛的棲所

認真看在溪底會有種子鯊幼魚在嬉戲

野採

　　本種在每年 2~3 月間，都可以在河口感潮帶的淺水區撈獲大量的幼魚，這是能夠捕獲大量的一個方法，牠們往上迴游的距離不遠，成魚多半在離感潮帶不遠的淡水域，在緩流或潭區駐足觀看，可以發現三三兩兩在沙地中嬉戲，還不時揚起沙塵，此時用蝦網緩慢靠近即可撈獲；或者定住手撈網在植物根部，特別是具沙質的溪床環境，將其趕入網中。

　　還有一種地方可以輕鬆獲得本種幼魚，有些河口無感潮帶全是淡水域，在溪邊總會有些細支流匯入口，或是彎凹處的淺水域，迴游性的鰕虎幼魚通常喜歡暫居於此，在這種環境可以輕輕鬆鬆地擄獲本種或是其他鰕虎幼魚。

　　對於愛藏在水邊植物的沼蝦，在野採本種鰕虎時也曾遇見長指沼蝦（*Macrobrachium grandimanus*），常躲在植物根部的碎石區。

條紋狹鰕虎

飼養

本種在飼養時成長快速，約兩星期長1公分，養至8、9公分的成魚也不過4、5個月，最大曾養至13公分左右，對魚缸中的其他魚來說那可是龐然大物。

幸好牠是屬濾食性鰕虎，夜間鑽入沙中休息僅露出頭部上方兩隻眼睛，平時吃沙濾出有機物後再將沙子吐出；本種對其他魚甚少作出威脅，算是性情溫和的種類。

筆者從淡水、石門到宜蘭南下到花東、屏東半島的東、西岸溪川都曾抓獲本種鰕虎，南北的差異可說不大，對於個體上的差異來說，有一點倒是值得一提，幼魚時期公魚的背鰭紅緣，

種子鱨養到13公分以上時，在魚缸中可算是龐然大物，頰斑黝黑且大鰭飄逸

以及體中條紋較常顯出，亞成魚至成魚時期反而變淡，常常是背鰭透明、條紋不見，就連眼下黑紋也只剩痕跡而已，但是成魚在地域維護，情緒激化時，黑如墨的眼下黑紋，以及紅如血的背鰭外緣再加上全顯的身體條紋，這才能真正顯出條紋狹鰕虎之美。

眼帶狹鰕虎

Stenogobius ophthalmoporus (Bleeker, 1853)

高身種子鯊

特徵

　　第一背鰭棘會延伸出鰭膜。鰭膜上有一黑白色橫紋，和種子鯊相比，體型較高，背鰭紅緣也不那麼整齊，體高故身材有幾分與塘鱧相似，因此有人稱之為 "塘鱧細鰕虎"。

分佈

　　台灣東部及南部溪河的中下游區。

野採

　　基本上在淡水河流中下游泥沙底質區段都有機會尋獲，牠們的棲地與條紋狹鰕虎重疊，所以捕穫條紋狹鰕虎時得細看體型是否較為肥短，或許就是這少見的寶貝呢。

　　本種筆者也僅見過一次，其族群之稀少可見一般，尋覓多年只盼能有機會再續前緣，這些年試著在條紋狹鰕虎棲息處尋覓，雖然徒勞無功，確實也是唯一方法；在沙質地水邊植

曾經在大型河口的淡水域發現高身種子鯊的蹤跡

日本沼蝦 (*Macrobrachium nipponense*)，有點像台灣沼蝦，身上多了許多細黑斑點，和高身種子鯊一樣是少有物種

看牠的嘴型，與種子鯊一樣是用來濾沙的嘴

物延伸到水中的棲所，儘管本種無所種，但是這樣的環境卻提供多樣生物的棲息之所，印象最深的是尋找本種時竟然撈獲日本沼蝦（*Macrobrachium nipponense*）。

飼養

習性大略與種子鯊相同，一樣會有潛沙的行為，只要能常保底沙的潔淨，本種對溫度變化的忍受力強；食性上，冷凍紅蟲、豐年蝦都吃，是非常容易養的鰕虎。

遺憾的是無緣再遇，也沒有機會觀察同種之間的互動情形，我相當期待牠們是否如前輩所言，抓不到魚不代表魚少，而是來錯地方或是沒選對時間，相信只要持之以恆，要再見眼帶狹鰕虎絕非夢事。

日本飄鰭鰕虎

Sicyopterus japonicus (Tanaka, 1909)

日本禿頭鯊

左圖公魚第一背鰭棘明顯長於母魚

特徵

　　頭部外形圓滑，上方斑駁花紋像似戒疤，所以稱之和尚魚；從側面看有 10 條深褐色寬的橫紋，前五條橫紋向後下斜，後五條橫紋反向前下斜至腹側，第五條與第六條恰成一 "V" 字。

圓圓的頭，頭部上方還有類似戒疤的斑紋，難怪會稱牠們為和尚魚

溪流的岩盤上常停留住一些爬到一半的日本禿頭鯊，在這裡抓牠們就輕鬆多了

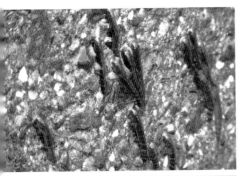

遇到高低落差大的溪段時，本種幼魚會先在潭中集結，等待夜晚來臨時再
大舉上溯以避開鳥類捕食，等不及在白天零零星星開始攀爬的也有

分佈

全台灣未受嚴重污染的溪河流域中都
可以見到牠們的蹤跡，西部溪流大多遭汙
染因而以東部較常見。

野採

牠們是典型的河海迴游魚種，幼魚隨
溪水漂至海裡生長，二、三個月後會在河
口集結游回淡水環境生活，在東岸常被
大量捕撈後煮熟而成我們常吃的"吻仔
魚"，幸存者會奮力上溯，邊上溯邊長
大，爬越攔沙壩或小型瀑布都不成問題，
即使在離河口五十公里處看見牠們也不足
為奇。牠們除了吸力特強之外，也常常
鑽沙尤其是躲入碎石礫的功力更是一流，
經常在水坑中看見牠，任憑翻遍大小石頭
卻遍尋不著牠的蹤影，要野採牠們卻也不
難，可以利用本種的溯溪習性，在急流中
置網，從上游處翻動石塊即可見其落入網
中；如果遇見本種的迴游大軍的話更簡
單，隨手一撈，那可是魚缸養不了的數
量。

每年成千上萬身長大約只有一公分
的日本禿頭鯊幼苗，在遷徙的過程中即使
是遭遇非常陡的斜坡也會不畏困難地奮勇
向前，一隻接著一隻密密麻麻的，形成在
遷徙期間極壯觀的景象，豐沛的生命力及
壯觀的自然生態，蔚為奇觀。為了躲避鳥
類的啄食，迴游溯溪常在夜間進行，被原
住民朋友暱稱為月亮的子孫，而且有禿頭
鯊出現的溪流代表水質乾淨，所以常將牠

日本飄鰭鰕虎

日本鰻，俗稱白鰻；其鰻苗近年來已經稀少到不夠養殖了，養鰻業者
多已轉養其他魚類為生

們當作是野採指標，有禿頭鯊就有其他魚。

　　野採日本禿頭鯊的重點在急流碎石區，日本鰻鱺（*Anguilla japonica*）在採集時就會是網子的常客了，牠們同樣是會迴游且幼魚常棲息與本種同一處。

飼養

　　溪中常見通常為 7~15 公分之魚體，最大體長可達 20 公分左右；雖然牠們在溪中以溪底岩面上的附著性細微藻類為主食，但是對冷凍紅蟲、豐年蝦的接受度極高，是非常好養的鰕

日本禿頭鯊在成長過程中體色及體斑變化極大

日本飄鰭鰕虎

虎，刮藻用的口器非常特別活像個吸塵器，就連缸壁、水草葉面滋生的藻也會被其刮食的乾乾淨淨，養牠們有時可以取代青苔鼠的工作。

　　日本禿頭鯊的地域性較不強烈，養多時水質易變要特別注意；為了食物爭鬥仍會時有發生。本種在生長歷程中外型及體色多變是另一項特色，從幼魚時期全身透明，長大些時候，背鰭紅艷色澤及斑點漸消失，及至成魚時期就連身上的黑紋也不易見，僅見體色呈褐色或綠褐色的和尚魚。

寬頰瓢鰭鰕虎

Sicyopterus macrostetholepis (Bleeker, 1853)

寬頰禿頭鯊

體色及體斑多變的公母魚，雖然可以從第一背鰭看出來，但是，最容易辨識還是發情時體色的差異

特徵

　　體呈金黃色，體背側具黑色斑塊，體側有雲狀黑斑，眼部下方有一黑褐色橫紋，公魚發情時身體呈藍綠色澤而尾鰭則會有亮眼的橘紅色。

野採以及在缸中發情時的藍綠色澤是本種最讓人驚艷的時候

蘭嶼的溪流下游人工化相當嚴重，但是本種在此仍然存在

發情中的寬頰禿頭鯊，野採時的豔藍體色十分迷人

花鰻鱺俗稱鱸鰻，戲稱"水中流氓"

分佈

常見在台灣東部、南部的乾淨溪流中，蘭嶼島溪流中也有分佈。

野採

寬頰飄鰭鰕虎屬於小型河海迴游魚類，喜好棲息在清澈而湍急的溪流中，攝食岩石表面上的附藻，攀爬能力很強。對野採此魚來說基本上與日本禿頭鯊一樣，針對急流區下手會容易多了，困擾的是牠們的數量不像日本禿頭鯊那麼龐大，依筆者野採經驗估算，在台灣同棲一地的日本禿頭鯊和寬頰飄鰭鰕虎數量約為 20:1，在如此懸殊比例情況下可想得知，在抓到本種時到身上泛著藍綠色澤，配上嫣紅尾鰭的魚，會讓人有恍如身處海水域的錯覺，淡水魚能有如此表現者，可以說少之又少，但是，筆者到蘭嶼尋魚時卻發現，此地抓種的禿頭鯊全都是本種，相較之下，蘭嶼的寬頰禿頭鯊身型略肥短，公魚顏色在缸中比較能維持。

同樣棲息在急流區，常伴隨本種採集到的鰻魚還有鱸鰻（*Anguilla marmorata*），由於體側及鰭上具有許多不規則的暗褐色塊狀斑紋及大小均勻的灰黑色斑點，又叫花鰻鱺。

飼養

本種野採到時通常為 4~8 公分，從野採到入缸後通常在驚嚇的影響下會退

色，但是尾鰭紅色仍在；隨著飼養的時間長後就連尾鰭顏色也會慢慢退去，退色的公魚看起來和母魚差異不大，只能靠背鰭棘的延長來判別，但是在缸中隨著維護地域性，以及同類間競爭情境的情緒提升，牠們的體色會再恢復，不同程度體色的回復以及體斑的變化觀察是飼養本種的樂趣之一。

本種幼魚時期的體色、體斑或是鰭膜上的花紋有多樣的呈現

和日本禿頭鯊相比，食性更偏向雜食，對冷凍紅蟲、豐年蝦更能適應，經常吃到體型胖嘟嘟、圓滾滾的；和他種混養時體型

成魚時期公母魚的體色、體斑變換也常讓人判若二魚

寬頰瓢鰭蝦虎

不要過小，但是過大也可以和他種共同飼養，本種在缸中有母魚存在時也有機會發情，發情時全藍的身體加橘紅色的尾鰭表現，可以說是人工飼養本種的終極目標。

黑鰭枝牙鰕虎

Stiphodon percnopterygionus (Watson & Chen, 1998)

黑鰭枝牙公母魚差異很大,要不是發現這兩種魚在跳求偶之舞,還真是當作兩種魚呢!

特徵

公魚的第一背鰭特別長,平臥至少可超過第二背鰭第 2 軟條的基部後方。母魚呈淡米黃色而透明,體側具有 2 條明顯的黑褐色縱線。所以俗稱雙帶禿頭鯊;在尾鰭基部會有一黑斑。

分佈

牠的分佈早期從金山到基隆、宜蘭,整個台灣東部以及南部各河川的中下游區的淡水域中都可以發現,因為人為破壞與過度採集,目前在南端的屏東與北海岸地區的數量驟減到幾乎斷絕了,如今僅剩花東的分佈較為顯著。

野採

喜好在稍緩流的潭區邊緣或潭頭、平瀨等水域中活動。黑鰭枝牙鰕虎因為母魚的關係而稱

黑鰭枝牙鰕虎

位於宜蘭濱海公路旁的溪流,五年前,中午時分這裡可是因滿佈枝牙而晶亮的溪床,在這裏追捕枝牙鰕虎現在僅能回憶了

屏東半島的棲息地,成群結隊逃竄的黑鰭枝牙鰕虎群已不復再見

雙帶禿頭鯊，實際上，會鑽沙的習性也和禿頭鯊一樣，牠是日行性鰕虎，日上三竿後才是牠們活躍的時間，日落後就鑽入石頭下休息。

所以，要抓黑鰭枝牙鰕虎最恰當的時間在早上 10 點到下午 3 點，這是日照最強的時候，常見緩流區的黑鰭枝牙在石頭上爬藻，翻轉身軀時反射出五顏六色的金屬光澤；拿兩支小撈網逐步驅趕至岸邊，固定一支網不動，用另一支網趕入固定網中撈起，這是最有樂趣的方式。

飼養

通常以 2~4 公分較常見，最大可達約 6 公分左右；黑鰭枝牙鰕虎是雜食偏素食的魚種，對許多人來說是頭痛的問題，但是，炫麗的體色加上多種顏色的型態，又讓人著迷；黑鰭體色的維持有幾項要注意：(1) 吃飽，經常到溪中搬些石頭讓牠啃。(2) 照光需充足且仿日照型態，最好是連時段也與日間一樣；牠們有些個體在適應缸中環境後會吃冷凍豐年蝦；照光也有促進

長苔的功能，可以在缸中自給自足，養太多或又有其他競爭者時仍會有不夠吃的疑慮。

上圖目前都是黑鰭枝牙，公魚因地區、環境而有不同的表現型

黑紫枝牙鰕虎

Stiphodon atropurpureus (Herre, 1927)

紫身枝牙鰕虎、電光鰕虎

俗稱電光鰕虎就是紫身枝牙鰕虎公魚，母魚則稱之為雙帶禿頭鯊，和黑鰭枝牙鰕虎母魚最大差異在背鰭具許多黑色斑點

特徵

公魚閃著寶藍或寶綠的顏色，第一背鰭無絲狀延長，母魚為米黃色，體側具 2 條寬的黑褐色縱線。尾鰭基部具一黑斑。背鰭及尾鰭散具有許多黑色的斑點。

分佈

北台灣的金山到宜蘭，沿著台灣東岸南下到恆春半島的東、西岸都有牠們的蹤跡。

水中的紫身和剛抓上來時，全身金亮的的模樣

東北角公路旁的溪流在初秋季節水少時正是追捕紫身的最佳時機

全身寶藍，黑色背鰭配上紅色外緣，這是缸中紫身枝牙的最佳狀態

野採

　　牠們生活於水質非常清澈的中小型溪流中，下游區域較常見，但是在許多獨立溪流中，牠們常溯到中、上游生活，是日行性鰕虎，要野採本種鰕虎，白天在岸邊即可發現牠們的身影，牠們在爬藻時側身反射出金亮的體色，駐足在溪邊觀察很難不發現牠們。

　　本種的習性與禿頭鯊相近，用兩支手撈網慢慢驅趕至岸邊，然後利用地形屏障固定一支網不動，另一支靠近時比較不具戒心而移動到不動的網子，如此自然可以手到擒來，失手時由於驚魂未定會先藏入石頭下或沙中，而後因牠們的地域性會再回來原來的地方。

飼養

　　牠們以岩石表面的藻類為主要的食物來源，並會攝食小型的水生昆蟲或無脊椎動物等。飼養方式與黑鰭枝牙鰕虎差不多，食物、水質、環境都會影響體色的艷麗程度，不同的是本種雜食性更強，對冷凍豐年蝦與赤蟲的接受度高，飼養上方便許多。

　　體色艷麗原本就是飼養此魚的最佳動機，遺憾的是許多人在食物及環境上的不足沒能養出最佳體色，平時以冷凍紅蟲讓牠們吃的體型圓

在某些角度下看，他們的身體由於光線折射，從寶藍色再深化竟是有紫色的身影

潤，如果能定期以長藻的石頭供牠啃食會更好。最重要是在環境上需照光，強烈的光線能使其體色有最艷的表現，這幾點都能兼顧要養出亮麗的紫身枝牙鰕虎應該不難。

除了本身就有出色的體色之外仍然具備鰕虎性格，時常為了地盤的維護發生爭鬥，兩隻體型相當的紫身枝牙公魚經常在地盤仍未確定時，爭的遍體鱗傷、破鰭處處。

黑紫枝牙鰕虎

黑紫枝牙鱂虎

明仁枝牙鰕虎

Stiphodon imperiorientis (Watson & Chen, 1998)

帝王枝牙

特徵

　　金屬色的光澤，體中央一列緊密橫斑連成黑線，母魚亦然，只是少了金屬色之外背鰭也無延長狀。

分佈

　　從發現點在屏東恆春半島及台灣北部看來，其族群在台灣北部及東岸均有機會存在。

恆春半島的棲所,這裡的溪況真是好,溪流淌在毫無人煙之處,乾淨、日照得到又有石頭及廣闊緩流水域,是孕育枝牙蝦虎的絕佳處所

同為帝王枝牙,不同個體及狀態下牠們的體色是不一樣的

野採

　　對於野採來說,針對不同物種必須要有不同的野採方式,例如本種,由於數量稀少,加上其警覺性更高,稍有異物接近溪邊便溜得大老遠的,要在岸邊尋視帝王枝牙的機率可說幾近於零,潛入水中溯溪搜尋尚能窺見一二;是的,要抓本種就必須潛入水中並逐步溯溪觀察,一旦發現其蹤跡後尾隨追捕。

飼養

　　帝王枝牙是日本明仁天皇所發表的物種,因此稱之明仁枝牙也叫帝王枝牙;就在數年前,本種在台灣是否有族群存在仍然停留在從隨黑潮而來的短暫過客,一年不見得有聽過捕獲紀錄;近年因為野採方式的改變而發現,這種稀少族群多半被排擠在岸邊或躲入深水潭中,高警覺的特性讓牠們並不與黑鰭或黑紫身枝牙一起行動,要發現牠們的蹤跡必須以潛入水中方能探到。

　　因為鎖定野採目標以及水下攝影驅動,本種一年內尋獲不少數量讓人確定明仁枝牙在台灣已有穩定族群,那以前是否因為數量太少,又或是採集方式不對而沒發現,也有可能是牠們已經適應了台灣溪流環境而發展出穩定族群呢?這就留給學者去探究;值得一提的是,本種在野採體色的變化是多樣的。

明仁枝牙蝦虎

其他的枝牙鰕虎
Stiphodon

　　黑潮，又稱日本暖流，是太平洋洋流的一環，自菲律賓開始，穿過台灣東部海域，沿著日本往東北向流，黑潮不僅將來自熱帶的溫暖海水帶往台灣及日本，也將迴游性鰕虎的幼魚帶來，就像搭上高速公路般，可提供迴流性魚類一個快速便捷的路徑，向北方前進，故菲律賓及日本有些迴游性鰕虎都有機會在台灣尋獲。

　　隨著黑潮而來的鰕虎，登上台灣淡水溪流後如果棲所適宜會因此而定居下來；黑潮雖快，但是，黑潮流域原本就有為數可觀的迴游性魚類，再加上這些魚類所吸引過來覓食的大型魚類的捕食，初登台灣的鰕虎為數稀少，新移民又得和原住民相爭方能得一席之地，已經佔有先機的原生枝牙鰕虎有黑鰭枝牙鰕虎【P.72】與紫身枝牙鰕虎【P.74】，這兩種是有固定族群存在的，我們也常將牠們混養一起，爭食、爭地盤的互鬥經常發生，可想而知，新移民要因此定居並穩定繁衍是有難度的。

　　在筆者及友人的經驗中，稀少的魚種很難在岸上就可以看見，在與友人同去野採的經驗中筆者便親眼見到在台灣溪流中，捕獲與菲律賓或是日本發現的枝牙鰕虎，如明仁枝牙鰕虎 *Stiphodon imperiorientis*、桔紅枝牙鰕虎 *Stiphodon surrufus*、皇枝牙鰕虎 *Stiphodon alcedo* 等，

同缸中黑鰭枝牙鰕虎與紫身枝牙鰕虎經常為地盤而爭，體型大的黑鰭與小紫身尚有可爭之處，若同為成魚相爭時自然是體型大的紫身佔優勢

事實上，在生物多樣的台灣存在的物種還未被發掘完整，這得靠野採族與學術界共同努力來將原生魚的分類建構得更完整；對這些鰕虎在本書中並不十分確定牠們在台灣溪流的地位，究係已經在台灣穩定繁衍或是僅僅是搭錯車的旅客呢？所以，仍然先將其歸於本書後面的國外鰕虎的部分介紹。

其中，明仁枝牙鰕虎首次在日本發現，以天皇國號命名，俗稱帝王枝牙，目前已經確定有一定族群存在，牠的體型和紫身不相上下，至少也勝過黑鰭枝牙，能取得一席之地，只要環境持續適合應該不難。

台灣東岸的某些溪流，特別是接近黑潮的溪，是最常接收黑潮列車魚種的溪，在距河口不遠處的潭區經常會有意外物種

潛入水中觀察，批著亮麗外衣的枝牙鰕虎公魚非常醒目，循溪逐步搜索各角落比較能夠發現稀少的物種

其他的枝牙鰕虎

疑似西蒙氏枝牙鰕虎
Stiphodon semoni

皇枝牙鰕虎 *Stiphodon alcedo*，
對野採族來說，牠是新興的目
標魚種，台灣溪流已有穩定而
少的族群，體中央串珠式的縱
紋是其特徵，某些狀態下其頭
部以下除黑紋之外的部分會變
成紅色

其他的枝牙鰕虎

裂身鰕虎魚屬 Genus Schismatogobius

本屬存在台灣東岸的溪流中，特別是沒有感潮帶的獨立溪流，雖然牠們與他種魚類的競爭力弱，但是可以藉擬態隱身於環境中求得一席之地。

寬帶裂身鰕虎

Schismatogobius ampluvinculus (Chen, Shao & Fang, 1995)

斑馬鰕虎、熊貓鰕虎

口裂大直到眼後方者是公魚，而口裂小者是母魚

特徵

　　寬帶裂身鰕虎，既然名為寬帶，則最明顯的特徵就是體側具有三個寬大黑色橫帶，胸鰭具有一大型黑斑。

分佈

　　台灣東部較清澈的溪流中、下游區。

寬帶裂身鰕虎

北濱公路橋下小溪的棲息環境

野採

　　寬帶裂身鰕虎為小型底棲魚類，喜好棲息於清澈小溪流之礫石棲地中。不好游動，常與周圍的石礫形成極佳的保護色。記得多年前為了尋找寬帶裂身鰕虎，常巡溪觀察，也駐足於瀨區探查，總是無法看到牠們的蹤影，原來這小魚不但是躲在石礫堆中，而且偏好在水流湍急處，在溪邊當然是看不到囉。

趴在溪底不動隱身於環境中，或是乾脆鑽入沙中是本種的棲息方式

　　牠們的擬態不只是為了覓食，更有大部分的原因是為了避敵，為了抓到這隱身石礫中的小魚，不但需踢動小石頭而且要將小石礫一起踢入網中來捕獲本種，在捕捉本種時，熱帶沼蝦也藏在石礫中，經常被一起趕入網中。

寬帶裂身鰕虎

胸鰭的黑斑塊在伸展時會有假眼的功能藉以嚇退敵人

寬帶裂身鰕虎

飼養

　本種最大體長通常在 1.5~2.5 公分左右，混養其他鰕虎魚當然不太適合，即使牠可以藏身於沙中，但是在魚缸中的空間不能與溪流相比，稍有動作即被注意，要想藉擬態隱身缸中是有難度的，單獨飼養又顯得單調，可選擇與一些體型小又不具攻擊性魚種混養，例如鱂魚、孔雀魚、短海龍等。

Photo by Nathan Chiang/ 蔣孝明

　如果不與其他魚比較，體型嬌小的寬帶裂身鰕虎單獨飼養時仍不失鰕虎本色，同類間地域性的競爭仍會發生，張開血黃大口並配合動作來威嚇，為了趕走對手還會叼起已藏入沙中同類的尾巴；本種飼養最大樂趣除了觀察血黃大口之外，就在餵食時候，冷凍紅蟲或豐年蝦灑下之際，原本平坦又安靜的沙底，突然鑽動四起，鰕虎冒出搶食的景象只能說是精彩。

寬帶裂身鰕虎

羅氏裂身鰕虎

Schismatogobius roxasi (Herre, 1936)

迷彩鰕虎、熊貓鰕虎

羅氏裂身鰕虎的公母魚區分仍在口裂大小的差異，以上 2 種四圖是目前發現可以長到 6 公分的品種

特徵

橫斑間隔區具褐色網紋，體側下半部具有許多不規則黑色橫線。

分佈

台灣東部較清澈的溪流中、下游區。

野採

和寬帶裂身鰕虎一樣，喜好棲息於清澈小溪流之礫石棲地中，躲在水流湍急處的石礫堆中，野採時定住網後用腳踢動小石頭，可以將其趕入網中來捕獲，但這樣抓到的與寬帶裂身鰕虎差不多約 2~3 公分左右。本種成長在約 4 公分左右時，因小石礫已不足藏身，會移入瀨區或急流區的較大石塊下方棲息，此時翻動較大石塊抓到 4 公分以上的個體的機率較高。

飼養

本種通常為 2~4 公分，最大可達約 6 公分，從棲地環境及體型看來，裂身鰕虎的擬態以躲避天敵的成分居多，如此，以混養其它鰕虎來說就不適合，如果要混養也盡量選不具威脅物種，混養的標的太大也不好，搶不到食物或因驚懼而足不出戶容易因此而生病。

本種有些不像寬帶裂身鰕虎具有血盆大口，但是一樣口裂大。值得一提是，本種在文獻上的描述，按照我們野採的經驗似乎無法驗證確實當初發表的"正羅氏"是哪一種；從魚的外觀來看，不同的體紋表現，或是頭型、體型不同的情況下，幾乎就可以認定是不同種，而我們在野採時卻發現，除了區隔出寬帶裂身鰕虎之外，還有在體紋、體型甚至頭型多樣表現的裂身鰕虎，只能將牠們歸為"泛稱羅氏裂身鰕虎"，泛稱之意即是含有不能確定的無奈，但是，這不確定雖說無奈卻也是本種的精華所在，試著從中分出其差異就是樂趣所在。

屏東半島的乾淨溪流下游，特別是細石礫的溪底正是本種的最佳棲所

羅氏裂身鰕虎

勃氏裂身鰕虎

Schismatogobius bruynisi

在眾泛稱羅氏裂身鰕虎中，此種是唯一有朋友認出的疑似物種，身上不具橫斑而是雜亂淡黃色網紋。

[其他型態的羅氏裂身鰕虎]

顏色、頭型、身材胖短、細瘦等多種型態結合成 "泛稱羅氏裂身鰕虎"。

　　平常愛藏入沙中僅露出頭來，不論公母魚，遇到同類接近會出口驅趕，母魚口裂小，公魚就可以撐到很大。

似鯉黃黝魚

Hypseleotris cyprinoides (Valenciennes, 1837)

擬鯉短塘鱧、短塘鱧，隸屬黃黝魚屬 *Genus Hypseleotris*

上為公魚，右為母魚，差異最大在背鰭上的圓形斑塊

特徵

　　體色為淡黃褐色而透明。公魚的背鰭呈灰黑色，並散佈有透明的圓形斑塊。

分佈

　　台灣東部及南部水質清澈的溪流下游區。

野採

　　尋獲短塘鱧算是幸運的經驗，幸運的是經友人通報有一個巴庫寡棘鰕虎豐富之處，前往採集時卻發現所處的溝渠有一種未見過的魚，牠們喜好溯游在水體的表層，活潑而善群游動，並不像塘鱧常停棲在溪底上。循著溝渠追捕，原本以為牠是迴游的魚種跑得快，自然是加速包抄，沒想到此魚竟然還會躲入石縫甚至鑽入沙底；繼續沿溝渠追蹤到一水池，從水池上方即可見到

北濱公路及南部港口溪接近河口的地方，只要是緩流區有遮蔽處都可發現短塘鱧的蹤跡

驚嚇色

警戒色

婚姻色

即將發情或發情色消退之際遇警戒時的狀態

母魚警戒色時變得更黑

發情的公母魚

這隻肥胖的母魚約有 10 公分

嬌小的短塘鱧幼魚

本種變紅的公魚身影；所謂欲速則不達，對於在空曠水域中抓此魚時即是如此，用手撈網定住一支不動，用另一支緩緩趕向不動的那一支網，牠們反而會乖乖入網。

飼養

　　飼養本種時，觀察牠們體色變換是最好的回報，會有幾種變化，平常是黃褐色，受驚嚇時則是全身白皙，蝦虎的地域性也在此魚身上出現，全身變黑，尤其是公魚背鰭變黑，而原本透明圓形斑塊則是變得雪白，這是警戒色；大約 4 公分左右的亞成魚開始，會有婚姻色出現。婚姻色的顯出是最令人讚譽的表現，只不過顏色的表現有時候僅曇花一現，經常是艷麗顯出，穿過石頭背後又恢復往常的體色出來，真是變色如翻書一樣快。

　　在塘鱧科下，本種是少有的無害魚種，同類的打鬥難免，看牠小巧的嘴想做惡也難，食量超大，養到約 10 公分大已是極限了，在吃又不長長的情況下很容易養到圓滾滾的，這時候的牠顯得小頭配上圓滾滾的身軀，看上去已經很難想像他們小時候也有細瘦的姣好身材了。

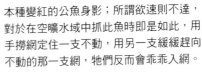

93

似鯉黃黝魚

黃鰭棘鰓塘鱧
Belobranchus segura (Keith, Hadiaty & Lord, 2012)

紫身塘鱧

公魚頭部較大，母魚除體型較嬌小之外，體色較灰，眼周圍放射紋較淡，顯著紅紋只有 2 條，公魚則常見紅紋有 5 條

特徵

除了眼下塘鱧特有的輻射紋之外，兩眼之間似額頭部分尚有數條橫紋，吻部短，正面看去有如饅頭臉。

分佈

台灣東部及東岸河川及東南部均有發現。

野採

此魚常多藏身在潭區石頭下方，行動敏捷，要以定網趕魚得方法抓到並不容易，除了是本種行動敏捷原因之外，潭區多水深也是野採困難點，族群數量稀少也是甚少尋獲的原因之一；本種性喜夜行，所以夜採也是方式之一，在夜間本種才會外出覓食，此時再以蝦網緩慢接近來捕捉；另外，深潭適合潛水，

本種喜愛的棲所是水流沖擊下的深潭

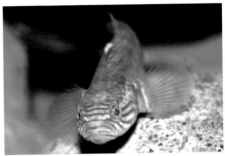

潛入水中以目視尋魚，尋到本種後再以手撈網在潭中追趕後捕獵，這樣子玩水兼抓魚，可以將溪流的樂趣提升到最高境界。

飼養

　　截至本書出版前的觀察，本種雖為塘鱧，但是，掠食性不如其他塘鱧，與本種飼養的其它魚並沒有發現有被侵擾的現象；據其他有養過本種經驗的人提及，牠的體色應該多變，在溪流潛水時發現牠還會有紫色體色的表現，所以，本種的另一俗稱為紫身塘鱧，身上的橫斑也會

在某些狀況浮顯出來，比起同樣底棲的褐塘鱧、尖頭塘鱧，甚至是烏塘鱧來說，本種無論是在適養性及美麗程度上評估要優秀許多，唯一美中不足之處是本種尋獲不易，至於飼養上牠們的適應性很強，吃也不成問題，是屬於非常好養的魚。

棘鰓塘鱧

Belobranchus belobranchus (Valenciennes, 1837)

黑白郎君

因稀有而神秘，體色黑白相間，故戲稱之為黑白郎君

特徵

　　體側具兩條寬的深色帶，目前發現有黑色或褐色，尋獲的幼魚酷似寬帶裸身鰕虎。

分佈

　　目前發現在台灣西南部乾淨河川，從下游到中上游都有發現的紀錄。

野採

　　在與朋友野採的經驗中，曾經有兩次採獲的經驗，第一次的情況比較好笑，當時以為尋獲超大的寬帶裸身鰕虎，寬帶裸身鰕虎的最大體長 2.5 公分，而抓到此魚幼魚即有 3 公分多，破紀錄總是令人興奮，發現不是寬帶裸身而是新種時也一樣高興，兩次激動發生在同一次野採也在同一隻魚身上的經驗可以說是少之又少。

　　本種至今仍無發表可以說主要是因為族群數量太少，甚至我們推測牠是棘鰓塘鱧屬的物種，在世界魚類中仍然是新種；除了數量稀少之外，牠和同屬的棘鰓塘鱧一樣害羞，害羞的魚多半採夜行居多，不會大膽就食的魚除了不容易採獲之外，個體成長速度慢因而在物種競爭中會比較弱勢，弱勢的物種則族群稀落，所以此魚難尋也就不足為奇了。

具石礫的開闊溪床正是首次採到此魚的棲所，這裡也正是裸身鰕虎棲地

飼養

　　雜食性，主要攝食有機碎屑、小蝦及無脊椎動物等，目前發現最大約 8 公分；棘鰓塘鱧屬的魚目前就棘鰓塘鱧和本種兩種，牠們雖然名為塘鱧，習性卻與褐塘鱧、尖頭塘鱧等外型、血緣相近的物種有別，最大的差異在掠食性，不像褐塘鱧之類隨時處於索食狀態，而牠們是溫和許多，至少與之同缸的小魚僅是驅趕、威嚇，被吞食的狀況至今仍無發現。

　　以前發現的本種都是黑白色系，以其神秘又具黑白體色而戲稱"黑白郎君"，後來又發現本種尚有偏褐色系的個體，雖然體呈褐色，黑色寬帶不那麼明顯，全身散佈的白點依舊讓體色花亂，在溪流中得以擬態掩護仍然有效。

棘鰓塘鱧

黑白相間，身體各處散佈白斑，即使是褐色系的個體仍是可以這樣花亂的體色隱身在石礫中，正如圖中裸身鰕虎一般，趴在水底不動時要看見牠就不容易了

斑駁尖塘鱧

Oxyeleotris marmorata (Bleeker, 1852)

筍殼魚、雲斑尖塘鱧

特徵

　　體側具雲紋狀斑塊及不規則橫帶；尾鰭基部具有三角形的大褐斑。

分佈

　　為外來魚種，目前在臺灣西南部及南部的河川下游、湖埤及水庫等水體。

野採

　　大部分到台灣嘉義以南的湖埤及水庫甚至野塘垂釣時，經常可以釣到本種；自東南亞引進作為養殖對像後發現，本種食性上喜吞獵活魚，對於人工配合飼料的接受度不高，後因逃逸後流落溪流，台灣中北部氣候偏寒故本種無法擴及全台，僅能在偏南地區較深的水體中繁衍。

水位較深的水塘、水庫是此外來物種避開寒冷的繁衍場所

飼養

　　鰕虎魚亞目中,可供食用,具有經濟價值者不多,本種是為食用而引進的所以具食用價值,而且是筆者吃過的淡水魚中最好吃的;塘鱧科裡頭大多為掠食者,筍殼魚也不例外,飼養上除了性喜活魚之外,不耐寒是其中缺點;優點則是對水質容忍度高且嗜氧性低,即使在靜止的水域中亦能存活,所以許多飼養者僅以水桶即可飼養,不需打氣、過濾而且可以密集飼養。

幼魚時期尚可與其他魚種在魚缸中共存,長大後便鮮少有其他鰕虎體型能與之抗衡,這時候移到水缸中獨自飼養應該是比較恰當

斑駁尖塘鱧

感潮帶的鰕虎 (一)

河口的環境

尋找鰕虎從上游、中游到下游，可以慢慢體會出野採環境愈來愈險坷，水位的高度是愈來愈高，水質在流經住家以及長途沖刷後，匯集到河口時已不是那麼清澈，水深及混濁讓人裹足不前；但是，河口是充滿浮游性生物的溪段，浮游生物是各種幼魚不可或缺的食物，踏足在河海的生物來來去去，讓這裡的物種比起純淡水域要豐富許多，也因為更加貼近海洋，牠們的顏色與物種多樣化更是吸引人的地方。

蘭陽平原的河口由於的地處平坦，往上游的坡度不大，感潮帶通常拉的很長，水緩且深而且多爛泥沉底，雖然裡面的鰕虎種類多，但是，野採時得注意安全

感潮帶的鰕虎從大型的叉舌鰕虎、塘鱧，其次寡棘鰕虎、緇鰕虎、擬鰕虎等，除了鰕虎之外常可抓獲雙邊魚、緇魚以及美麗的銀鱗鯧、金錢魚等，酷愛吃蝦卵的海龍也跟隨蝦子在叢草、雜物中發現，有些海龍還會因蝦子的遷移而尾隨至淡水域生活，這些美麗的物種可是裝飾魚缸很優的魚種；再往更靠海的區域搜去，鸚哥鯊、美鰕虎魚屬以及眼絲鴿鯊等鰕虎也是有的，牠們已經是跨足河海的物種了，不是迴游而是常在海邊與河口間徘徊，會不會遇見就很難說了。

有些河口在退潮後水位降低許多，水不深，不過，在野採前得先通過爛泥這關

漲潮時分水滿，要野採底棲的鰕虎就比較困難，但是仍可針對浮在水面的水芙蓉底下試試，活動在水中層的珍珠塘鱧、頭孔塘鱧或是脊塘鱧等也許會有收穫

到此環境尋鰕虎首要注意的是潮汐時間，水深是野採的一大難題，平常在淡水域總是可以找到淺水區下手，而河口水域寬廣平緩，要找到淺水域不容易，等待潮水退去多少可以降低水位，如此可以比較容易抓到魚；還有一種環境可以取得河口的鰕虎，那就是引海水養魚的魚塭，這些魚塭有些已經廢棄了，河口的鰕虎隨溝渠引入魚塭中生活、繁殖；要注意的是，此處的水位仍受潮汐影響，泥濘的水底環境更甚河口，魚塭的野採未必比河口輕鬆，但是可以提供另一個選擇；如果你有認識魚塭飼養的朋友的話，待魚塭收成後整理魚塭之際，水池放乾時去找應該是不錯的方式。

如果說河口不好下手，轉到廢棄魚塭試試也不失是好辦法

尖鰭寡鱗鰕虎

Oligolepis acutipennis (Valenciennes, 1837)

長鰭鰕虎

公魚背鰭會比較高，母魚肚子會呈現藍綠色光澤

特徵

第一背鰭高而延長呈絲狀，活體呈淡灰色略透明，眼下方具有一斜下直達口裂後方的黑色線紋。成熟母魚的腹部呈亮藍色。

分佈

分佈於南北部河口及下游地區，台灣西岸也有少量發現。

野採

尖鰭寡鱗鰕虎是從感潮帶的汽水域到淡水域都可以棲息的魚，牠們對鹽度的適應性蠻強的，一般來說，本種生存環境的水質並不是在太乾淨的水域，常在河口泥質地的水邊草叢下方尋獲，魚塭中也常見。抓此魚時河口或魚塭的底部通常是泥濘易陷入的環境，慎選水底較硬

野採本種的棲地，潔白長臂蝦在此有豐富族群，野採到的尖鰭寡鱗體晶瑩並透著綠光

質的棲地便是抓此魚的重點，本種游泳能力不強，在定住網的前方 1 公尺處趕即可入網。

　　活動於沙泥底的棲地環境裡。多半以有機碎屑、小魚、小蝦、無脊椎動物為食，在牠們身處的棲地中，常伴隨撈獲的便是潔白長臂蝦 (Palaemon concinnus)。

飼養

　　本種初入缸時，驚惶未定的情況下會趴

尖鰭寡鱗蝦虎

在缸底不動，鰭條緊閉，如果缸中造景複雜時多半會先躲入障礙物中，這時候背側細小的紅褐色斑點就相當明顯，在驚嚇沉澱後開始活動並熟悉環境，體色淡灰甚至呈現水藍色時，配合寬大胸鰭與高聳背鰭，修長的身體，擺動矛狀的尾鰭游動的景色，美得令人讚嘆！

從牠的嘴型看來類似種子鯊等濾食魚種，寬大的鰭條原本就不適合追趕掠食，所以，與他種鰕虎混養的表現溫和，漂亮又能混養一向是魚缸中魚的最佳選擇，成長迅速伴隨的是非常貪吃，養久了，吃到肚子凸出、身材走樣是常有的事；同種之間的地域爭鬥時，因而生氣到變形，怒張鰭條與大嘴威嚇，並且搖動身軀驅趕對手，那真的是好看的一幅畫。

長長的背鰭,激動時浮現的斑紋是本種令人著迷的地方

兩魚相爭時,擺動身體互不退讓,生氣到臉部變形

大口寡鱗鰕虎

Oligolepis stomias (Smith, 1941)

公魚在第一背鰭的第4、5兩棘會延長成絲狀，而且尾鰭尖長如矛

特徵

　　口裂極大，幾乎可達後鰓蓋下方的前緣處，故名"大口"。大部份特徵與尖鰭寡鱗鰕虎雷同，但是，第一背鰭並不高，由於口裂大，故眼下方橫紋無法直達頭部下方，遇口裂邊緣而轉至後方，因而成一明顯的"L"型黑色紋。

分佈

　　較為罕見，除了台灣南部溪河之河口水域中發現之外，筆者也僅在宜蘭河口也曾經抓獲本種2次而已。

野採

　　大口寡鱗鰕虎為河口及沿岸性魚種，多半出沒於河口水域，喜好在河灣或緩流區的棲地中活動。關於取得本種是一趣談，牠的棲地與尖鰭寡鱗重疊，就在抓尖鰭寡鱗

具泥質溪底的河口環境是大口寡鱗鰕虎尋
獲的地方，棲地與尖鰭寡鱗相同

向上竄時，從正面看比較容易發現其大口的特徵

棲地有存在一種漂亮的米蝦，長額米蝦 Caridina longirostris，上圖是筆
者見過最美的長額米蝦個體

鰕虎時尋得此魚，野採之際並未察
覺，一者，從野採現場看來牠和尖
鰭寡鱗差不多，二者，從臺灣魚類誌
（1993）以及臺灣淡水及河口魚類誌
（1999）出現大口寡鱗鰕虎（Oligolepis
stomias）以來幾乎無人發現過，甚至
在近年出版的台灣淡水魚魚圖鑑書中
已經大膽假設牠是尖鰭寡鱗鰕虎的老
成魚表現型，所以當時壓根就沒想過
是第二種寡鱗鰕虎。

　　就在小缸中做淡化適應準備期
間，也許是大口寡鱗鰕虎不耐異族排
擠竟頻頻向上竄游，在上層洄游時目
標就明顯多了，也因此吸引我的目光
向前細看，仔細觀看再與友人討論後
確定此魚，正是睽違已久的大口寡鱗
鰕虎。

　　本種稀少且野採之際很難與尖鰭
寡鱗區隔，常需要蹲在岸邊針對採獲
的寡鱗鰕虎，在頭型、口裂及眼下黑
紋走法仔細觀察，因此在溪邊花較長
的時間；值得一提是在當地經常存在
美麗的長額米蝦 Caridina longirostris。

飼養

　　體長也和尖鰭寡鱗鰕相同，尋獲都是約 4 公分，最大體長約達 8 公分；因為棲地都在感潮帶，入純淡水缸前最好做適度淡化，讓其有時間和緩並適應淡水環境，其後應該就可以在淡水環境下順利養成，只可惜，在筆者經驗中都是因尖鰭寡鱗而與之結緣，和尖鰭寡鱗混養

也是理所當然，不知是因為形孤影單抑鬱而終，還是不耐異族排擠，幾次經驗總無法養至 8 公分，而且，罕見之故也無從多養，群體互動的觀察記錄仍然空缺，要對本種更了解也只能再等時機了。

對於路過的魚隻追咬、恫嚇，這時候大口就好用許多

大口寡鱗鰕虎

其他的寡鱗鰕虎
Oligolepis sp.

　　寡鱗鰕虎是很有趣的物種，目前已知的有尖鰭寡鱗鰕虎、大口寡鱗鰕虎；牠們棲息在河口，能夠橫跨淡水與半淡鹹水，在感潮帶或是感潮帶上方的淡水域都可以找到牠們；而我們最常找到的是前者－尖鰭寡鱗鰕虎，後者－大口寡鱗鰕虎族群卻相當的少，筆者尋覓多年也僅3隻而已，所以有關大口寡鱗鰕虎的雌雄仍然是僅能藉由網路上的圖片作壁上觀。

上圖是第三種寡鱗鰕虎，下左為尖鰭寡鱗鰕虎、下右為大口寡鱗鰕虎，三者在第一背鰭與口裂有著明顯差異

　　但是，寡鱗鰕虎真的只有這兩種嗎？事實上，在台灣，我們在兩者棲息處尚有發現另一種，若僅從口裂來看的話，大口寡鱗鰕虎的眼下黑紋僅到口裂一半，口裂最大，而尖鰭寡鱗鰕虎的眼下黑紋到達口裂後方，口裂最小；而此新的寡鱗鰕虎的口裂介於兩者之間。從第一背鰭看來也不同，不像尖鰭寡鱗鰕虎寬且長，而是短且各棘均延伸出鰭膜成絲狀，我們可以稱之為 "絲鰭寡鱗鰕虎"。

野採時，若不細看的情況下，將牠當成尖鰭或大口寡鱗鰕虎的情況是有可能的，而且族群數量也介於兩者之間，在習性上與兩種寡鱗鰕虎差異不大，甚至打起架來都一樣，在日本也曾發現過，也認定此種為新的寡鱗鰕虎，至此，確定台灣存在第三種寡鱗鰕虎。

蔚藍的天空映照下水是藍的，這片水域同時存在三種寡鱗鰕虎

鯔鰕虎魚屬 *Genus Mugilogobius*

感 潮帶的鰕虎中，鯔鰕虎是最能適應淡水的一屬，不需淡化，無論野採地點的鹽度如何，回家後即可直接入淡水缸，能夠非常快速適應淡水的魚種，事實上筆者也在純淡水環境中發現牠們的棲息地，歸為感潮帶的原因是牠們仍然在半淡鹹水的環境比較容易找到。

清尾鯔鰕虎

Mugilogobius cavifrons (Weber, 1909)

小鯔鰕虎、鬼面鰕虎

公母之別僅能從頭型分辨，公魚頭部較寬大而母魚較窄小，從上方看時可以更容易看出頭大的公魚

特徵

尾鰭具有數列整齊或散亂的黃黑色相間的橫紋，第一背鰭後部的鰭膜具一黑色及黃色的斑塊。頭部密佈的網紋配合銅鈴般大眼，宛如牛頭馬面，因此贏得鬼面鰕虎的稱號。

烈日照射又缺乏供水的廢棄魚塭，水域逐漸縮小，只要數日便乾涸了，欲求本種可以去試試

北濱公路旁的溪流沒有感潮帶，在全然淡水的地方也可以抓到小鯔鰕虎

分佈

　　在宜蘭的河口與龜山島的潟湖、礁溪魚塭。台灣西部及南部河口、紅樹林、沿岸海域較為普遍。

野採

　　通常喜好在較淺水域的泥底底質的棲地中活動，在淡水環境中的砂礫中也曾經有發現其族群存在；其族群也會在鹹水或半淡鹹水的養殖魚塭中出現。對於本種的取得，筆者有一個相當輕鬆的經驗，那就是在路經北濱公路的某處逐漸乾涸的廢棄魚塭時，魚塭中僅見尚存數處小水窪，在好奇心的驅使下前往檢視，其中，雜草覆蓋下就發現許

清尾鯔鰕虎

多小鱸鰕虎，只用小網在混濁的小坑中胡亂撈到本種；由於時值仲夏，艷陽下的水窪也不過數日便會乾涸，不撈出的話也會乾死，於是全數撈回大大小小竟有百來隻，放回河口及魚塭，其他分送魚友後尚足以自養一缸，其後在其他魚塭以及河口都有發現，但是數量以及好抓程度都不及快乾涸的魚塭經驗。

飼養

　　本種通常為 4~6 公分之魚體較為普遍，最大體長約可達 8 公分，大都以有機碎屑、小型魚、蝦等為食物來源。非常好吃又兇猛的鰕虎，成長也很快速；飼養時要注意餵食量的控制，尤其是混養時，餵食少時難保牠們不會去動其他魚的腦筋，餵食多則吃的肥肥的，就好像中年人的大肚桶，肚子凸出來就不太好看了。

　　對於本種的飼養經驗，除了環境要偏深色之外，混養盡可能以較溫和但體積稍大的鰕虎，因為小鱸鰕虎在受到驚嚇時會全身變得白皙，身上黑紋以及鰭膜黃色消失，而在狀態穩定的小鱸鰕虎會回復黝黑、艷黃甚至鰭膜在黃黑交接處的白邊會有藍色呈現，這就是最美的小鱸鰕虎。

小鱸鰕虎幼魚

高雄愛河的小鱸，鵝黃色的鰭相當漂亮

諸氏鯔鰕虎

Mugilogobius chulae (Smith, 1932)

佐拉鯔鰕虎，最小型的鯔鰕虎

從體態及頭部比例分辨公母魚

特徵

　　眼睛外圍有一圈黑斑，像是睡眠不足的黑眼圈，第一背鰭會有鵝黃色外緣，而且第二、三棘會特別延長成絲狀，尾柄基部會有兩明顯黑斑。

分佈

　　分佈在台灣西部及東北部河川的下游區域。

野採

　　鯔鰕虎大多喜好棲息於沿岸港灣、沙泥底質的河口、紅樹林濕地等半淡鹹水域中，本種也不例外；由於體型比起他種鯔鰕虎要小上約1公分，要在石下或泥穴中與其它鰕虎一爭長短不容易，大多棲息在延

河口具有草叢的地方是本種喜好藏身之所，只可惜退潮時分水位會降到無草掩護的地方，水鳥的捕食是本種在棲地某些季節中會銳減的重大因素

項部黑色素集中，抬頭示警，這是戰爭發起的最後通牒

伸至水下的植物的根、莖部，而且藏匿在淺水區，潮水退去之後，我們在離岸很近的水域可以尋獲本種，如果無處藏身時身上的虎斑也可讓牠們隱身於沙質溪底。

飼養

　　和其他鯔鰕虎相比，牠們像是小 1 號的鯔鰕虎；感潮帶尋回的鰕虎多半需要淡化，這對許多鯔鰕虎來說不需如此，對於本種在經驗上是野採後需要較多時間進行淡化，這樣會比較容易長時間飼養；筆者在飼養本種時比較喜歡群體飼養，一來本種取得容易，再者，牠們有點像短吻紅斑鰕虎，群體飼養時，彼此相遇磨擦的機會增加，就可以常常看見怒張鰭條，頭部高抬露出鼓脹的下顎，而牠們卻很少真的互咬成傷；本種由於體型略小，較好的藏身處多半不易取得，與他種混養時水中層的領域常成為牠們的爭奪目標，在魚缸中，"空戰"是比其他鰕虎常見。

　　與阿部鯔鰕虎一樣，南部取得的體色單調，而在宜蘭尋獲的本種體色則是豐富許多，單一個體較艷之外，不同個體在體色上的差異也有，看牠們的互吼，群體間不同體色的表現是飼養的樂趣。

空戰，這是左拉鯔處於弱勢時無地盤可佔，這時領空的互鬥就常發生

不同色系的諸氏鯔鰕虎

諸氏鯔鰕虎

阿部鯔鰕虎

Mugilogobius abei (Jordan & Snyder, 1901)

最美的鯔鰕虎

公母魚的辨識在頭型粗曠與否以及體態不同

特徵

　　大部份第一背鰭的第 2、3 鰭棘呈絲狀延長，有些個體會有 4 棘延長，除了頭部紋路不同之外，最明顯的是尾鰭中部及上半葉具有放射狀的黑紋。

分佈

　　台灣西部及東北部河川的下游區域。

野採

　　本種喜好棲息於沿岸港灣、沙泥底質的河口、紅樹林濕地等半淡鹹水域中，喜好躲藏在洞穴裡。對鹽度的適應性廣，可於河岸潮池間跳躍，筆者曾經夜巡河港時見數隻爬上岸壁，原因不外乎食物或躲避天敵；在魚缸中飼養本種時就曾經將牠與掠食性強的叉舌鰕虎混養，

阿部鯔鰕虎

新竹地區接近海的溪流，底部是由鵝卵石鋪疊而成，這是少有不會因泥濘下陷的河口溪床，阿部鯔就是生活在這種環境

入缸後只見本種頻頻爬上露出水面的石頭,所以在河岸潮池間跳躍是有可能的,要獲得本種就在夜巡河港時順手在港口壁上網個幾隻就可以了。

　　阿部鯔鰕虎在某些河口的淡水環境中也有發現,喜好藏身於岸邊植物延伸在水中的根莖處,定住網後將其趕出即可;魚塭及河口感潮帶也有但數量總是不多,倒是筆者在飼養阿部鯔後有一年,時值入秋之際在河口感潮帶發現有為數不少的幼魚出現,這驗證了一位朋友的話,「魚不是沒有,只是時間、地點不對」,阿部鯔經驗即是如此。

夜幕時分,為了避敵,阿部鯔會攀爬出水面,僅靠皮膚上一層水膜支撐,這種現象筆者就曾在愛河邊夜巡時見過幾次

本種的體紋特殊且顏色豐富,讓牠贏得最美的鯔鰕虎稱號

南臺灣的阿部鰕顏色幾近黑白

阿部鰤鰕虎

飼養

　　本種最大可達約 6 公分左右，牠們成長速度算快，一般取得約 2~4 公分，數月即可達到 6 公分；大部分的時候牠們還算溫和，畢竟拖著長長的鰭條要充當掠食者會比較不方便，但當餵食不足而魚缸中又有垂手可得的獵物，如幼魚或狀況不佳的小魚時，牠仍然會上前咬或張口吞下；對於本種我最喜愛的部分莫過於欣賞牠們的泳姿，長長的棘條在空中飛舞時伸展，而且身上顏色堪稱最美麗的鯔鰕虎，對於魚缸的畫作加艷可是有大大加分。

　　關於阿部鯔的艷，並不是四處抓穫的都是如此美麗，若以個人經驗來說，新竹地區抓到的最美，棘條也最多最長，在宜蘭地區尋獲的其次，高雄地區也抓過，是黑而不艷，就連背鰭區塊最大的黃色也不明顯；不論養的阿部鯔是艷或不艷，本種的地域保衛戰是蠻有看頭的，肢體擴張之美在牠身上還有棘條的延伸加持，魚之鬥就更美了！

龜紋鯔鰕虎
Mugilogobius sp.

公母魚頭部均有鏤空白斑如龜紋，公魚身長且身上橫斑明顯會有鵝黃色與黑色相間

特徵

　　頭部的花紋有如龜紋一樣的似六角型空洞，魚體小時會見到頭部有白斑點，成熟公魚身上及尾鰭有鵝黃色斑，相當明顯。

分佈

　　這原本在印尼、馬來西亞、緬甸、新加坡、斯里蘭卡、泰國等地

龜紋鯔鰕虎

河口感潮帶與淡水域交界處，底層淤積成黑土，龜紋鯔鰕虎就是在此環境中找到的

發現的鰕虎，而今在台灣宜蘭也有發現。

野採

說起龜紋鯔鰕虎的尋獲是靠一位眼尖的魚友，初上網的那隻真的好小一隻，不知是什麼鰕虎，僅見頭部數點白斑塊，當時即認出是龜紋鯔鰕虎；從來沒想過牠們的族群竟然出現在剛脫離感潮帶的區域，之後在感潮帶也發現過，尤其是在淤積過久的河口泥質地，揚起的泥塵是黑色的地方，想來，海邊既有逐臭之夫，本種喜好棲息於此也不足為奇；但是，這種黑泥通常伴隨有些許腐污之氣味，要野採得有心理準備；不過，魚的棲息環境並不是單一選擇，關於此點也在本種成魚在同流域的更上游處被尋獲而證實，那是純淡水的環境，本種也和短尾海龍一樣，隨著成長愈大則愈往上游發展。

飼養

說起鯔鰕虎是一個兇狠的物種，但是依據我的經驗來說，本種的地域性並不像小鯔鰕虎那樣強烈，從成熟的公魚體型來看也不是虎背熊腰的強壯型，反倒像是發福的商人；從小養起直到成魚，在魚缸中很少與其它魚衝突，地域性不強以及非掠食的性格讓牠在混養的情況下，養到成魚的機率大為提高，是好養的魚種；牠們的公母魚也是所有鯔鰕虎中可以從外觀紋路判斷出的，本種公魚在成魚時期的鵝黃色斑紋在缸中相當明顯，這是養成此魚的獎賞。

龜紋鯔鰕虎

其他的鯔鰕虎

　　依筆者的經驗，純淡水環境中野採到的鯔鰕虎只有清尾鯔鰕虎、阿部鯔鰕虎，另外，還有一種普遍出現在大陸地區的黏皮鯔鰕虎（*Mugilogobius Myxodermus*），除了這三種鯔鰕虎之外，其他的鯔鰕虎都出現在感潮帶區域居多，躲藏在植物的根部、石頭底下或石縫；感潮帶如河港的港灣，還有紅樹林的沼澤地、魚塭等，要野採這些鯔鰕虎的困難不外乎水深，以及溪底鬆軟易陷入。

　　河口與魚塭正是鯔鰕虎的大本營，水深與泥質易陷入的底層讓人望而卻步，用特殊的釣具垂釣是不錯的採集方式，上圖正是筆者好友廖震亨先生用特製的魚鉤與釣竿在河口釣鰕虎。

　　事實上，除了筆者在本書中介紹的四種鯔鰕虎之外，在大型河口的棲地還有許多未發覺的鯔鰕虎存在，不確定以及未曾發表的種類還有梅氏鯔（*Mugilogobius Mertoni*），閃電鯔（*Mugilogobius* sp.）、三斑鯔（*Mugilogobius* sp.）與紫紋鯔鰕虎（*Mugilogobius fuscucs*），再加上新竹河口發現的黏皮鯔等共計有九種，所以，河口的野採環境雖然險坷，但是，物種繁多的因素會讓人趨之不疲。

黏皮鯔鰕虎 *Mugilogobius Myxodermus* (Herre, 1935)

普遍存在中國淡水域的鯔鰕虎，筆者是出差到大陸地區時看到的，本種在台灣也有少量的族群存在，性格兇猛，同缸的小魚稍有不慎隨即被其吞噬。

閃電鯔鰕虎 *Mugilogobius* sp.

閃電鯔鰕虎以其尾鰭如閃電的花紋而命名，本種在南部河川尋獲，族群不多，第一背鰭有延長數棘，但延長之棘易斷。

三斑鯔鰕虎 *Mugilogobius* sp.

三斑鯔鰕虎以其第二背鰭基部三黑斑而命名，本種在南部河川尋獲，族群少見，體色深淺變化極大。

梅氏鯔鰕虎 *Mugilogobius Mertoni* (Weber, 1911)

　　這隻疑似梅氏鯔鰕虎母魚，梅氏鯔鰕虎以其公魚的第一背鰭第一棘延長成絲，以及頭部具紅紋來辨識，此魚在宜蘭發現，少見，依臉頰及頭部眼前紅紋看來，極像梅氏鯔鰕虎。

紫紋鯔鰕虎 *Mugilogobius fuscus* (Herre, 1940)

　　和閃電鯔與三斑鯔鰕虎一樣是筆者的好友 廖震亨先生在南部河口尋獲的鯔鰕虎，對於河口及港灣的野採在前文已經多次提及，水深、爛泥是下水用手撈網的一大障礙，而廖先生恰是在垂釣方面的翹楚，平時釣捕大魚之外也對鰕虎飼養有濃厚的興趣，多虧他想方設法，慎選魚鉤並自製釣竿才讓我們得見新種鯔鰕虎。

　　紫紋鯔公魚在激動時藍紫體色更明顯，尤其是背鰭的鵝黃色更加鮮豔。

Photo by 廖震亨

富麗鯔鰕虎 *Mugilogobius* sp.

　　本書到此，對台灣未發表的鯔鰕虎有龜紋鯔、三斑鯔、閃電鯔、紫紋鯔鰕虎共 4 種，原本就有的清尾鯔、諸氏鯔、阿部鯔、梅氏鯔、粘皮鯔等 5 種共計 9 種，再加本種共計十種；第 10 種，牠有多種鯔鰕虎的特徵，譬如諸氏鯔的尾鰭，閃電鯔的體紋以及三斑鯔的三斑等，豐富的特徵加上華麗的顏色，富麗鯔的名稱由此而生，也再次見證台灣物種富饒之例。

長棘龜紋鯔鰕虎 *Mugilogobius* sp.

　　物種的多樣化豐富了我們的野外探尋之路，每遇新種都是讓人雀躍的事，就在筆者見證十種鯔鰕虎之後，對於龜紋鯔鰕虎的豔麗始終念念不忘，因而再一次野採龜紋鯔回來後發現本種有似龜紋鯔的頭紋和諸氏鯔的身體紋路，和龜紋鯔最大不同在第一背鰭棘會延伸；和諸氏鯔不同是體型與頭型有著截然不同的差異。如果不是個體變異的話這將是第十一種鯔鰕虎。

老鰕虎

　　鰕虎的習性除了會掠食小魚、小蝦之外，對於餵食冷凍紅蟲或豐年蝦時，本屬鰕虎是非常貪吃的物種，隨著體型逐漸增長，牠們的肚子也會變大，及至成魚階段身形常常是圓滾滾的，加上頭型更加突出，從亞成魚的意氣風發到成魚時的老態龍鍾狀，在鰕虎身上是非常明顯；再者，本屬在成魚後期，鰭膜、鰭條的復原力也大不如前，老鰕虎經常是破鰭或棘條歪斜、斷裂等，讀者要將鰕虎養至終老得有心理準備喔！愛牠，就要養牠一生，即使變老、肥胖、變醜也要不離不棄才行。

以上四圖即為阿部鰕、龜紋鰕、閃電鰕以及諸氏鰕鰕虎的老態

爪哇擬鰕虎

Pseudogobius javanicus (Bleeker, 1856)

公魚的第一背鰭會比較高，第二棘延長且口裂大

特徵

　　體側散佈黑色的斑點，並具有一中央列的較大型的黑色斑塊。

分佈

　　台灣西半部及東北部的河口及魚塭、紅樹林濕地及沿岸的泥灘水域都有分佈。

站在魚塭旁邊，爪哇擬鰕虎靠著體色的保護，是族群數相當多的魚，挑大點的來抓很容易

野採

　　喜愛棲息在半淡鹹水的河口區以及紅樹林沙泥底質的淺灘，常成群地出現在淺水區。具泥質的河口通常野採不易，到魚塭去，雖然也是地處爛泥深厚的地方，但是本種常會聚集在淺灘處，所以要野採，可到比較清澈的魚塭邊觀看，可以看到牠們三三兩兩在岸邊停歇，慎選中意的目標後以小撈網捕撈，不需下水即可抓獲，只不過半淡鹹水魚塭的爪哇擬鰕虎不可直接入淡水缸，淡化的過程也不能過急。有些族群會在河口處，感潮帶與淡水域的交界活動，此處的爪哇擬鰕虎就僅需稍為淡化即可以純淡水養成。

飼養

　　一般來說爪哇擬鰕虎的公魚在第一背鰭上會有一金屬藍點，體型較粗壯，體斑較淡，有時連第一背鰭下方，由兩點連結而成的個體橫斑並不顯著。

　　養這小型的鰕虎時切記勿與他種大型或掠食性強的物種混養，最大4公分的爪哇擬鰕虎，對於大型鰕虎或其他魚來說，正好像花生米一樣，一口剛好；獨養本種才能看見牠們在地域爭鬥時的戰鬥表現，體型雖小但是爭鬥起來仍是鰕虎本色，頭部黑色素泛起並豎起背鰭驅趕對手仍是好看的鏡頭。

爪哇擬鰕虎

小口擬鰕虎

Pseudogobius masago (Tomiyama, 1936)

小擬鰕虎

特徵

　　體呈灰白色，鰭膜透明，體側有一縱列黑色斑。

分佈

　　目前發現在台灣西部河口、紅樹林濕地、內灣及沿岸水域。

野採

　　小擬鰕虎喜好棲息在半淡鹹水的河口區以及紅樹林沙泥底質的水域，偶見於淺水區內。到紅樹林區野採，如果想要直接進入河道中野採，通常會因為泥沼下陷的問題而受阻，多半的時候筆者不會貿然下去，在新竹紅樹林區有些是鵝卵石墊底，不會陷入泥中才可以下去；在退潮時候某些紅樹林下會有小水坑，踩著紅樹林的根移動到小水坑碰碰運氣，畢竟這迷你的鰕虎要在

河岸船隻停泊處，棲息其中的鰕虎種類應該不少，只可惜爛泥難阻無從下手

紅樹林根部小水坑中，若在閒暇之餘，不妨拿隻小撈網試試，有時會有意外的驚喜；東方白蝦 *Exopalaemon orientis*，這隻全身潔白，額角在眼上方隆起的蝦子也是驚喜之一

玲瓏嬌小的鰕虎，和其他鰕虎一樣張口，卻顯得可愛，效果不同

龍蛇雜處的汽水域存活不是那麼容易，所以數量不多；有一陣子還四處託人尋找無所獲，沒想到在多次造訪紅樹林之後真的碰上小擬鰕虎。

飼養

　　雜食性，主要攝食有機碎屑、底藻、小型無脊椎動物及浮游動、植物等，通常以 1.5~2 公分較常見，最大不超過 2.5 公分，養在缸中與其他擬鰕虎混養時還好，這種小型鰕虎混養的禁忌就是具掠食性或大型鰕虎，因為成魚的體型僅和他種的幼魚相差無幾，建議還是獨養觀察。本種小巧可愛，嚴格說來，不美、不漂亮且體積又小的魚通常需以數大來美化，偏偏此魚難尋，這也算是養此魚的艱難之處。

135

小口擬鰕虎

縱紋擬鰕虎
Pseudogobius sp.

頭粗曠且口裂大是公魚特徵，公魚第一背鰭在5 6棘之間的鰭膜上會有一亮點

特徵

　　腹側於臀鰭起點至尾鰭基部之間有 5 個隱於體內的黑色斑塊，有時顯出而有時隱藏，雜亂或排成一線。第一背鰭無線紋，後部鰭膜具有一大片青黑色的斑點。

分佈

　　依目前經驗，在台灣南部及東北部的河口及魚塭有分佈。

野採

　　牠們喜愛在半淡鹹水的河口區，但是河口大魚多環境兇險，所以在廢棄的魚塭會有比較多的族群，該環境很適合本種的繁殖，時日久了，長大的不僅僅是擬鰕虎，魚塭中的叉舌鰕虎以及其它具掠食性的魚也一併長大，這種環境對這種小型鰕

魚塭廢棄之初期，小型鰕虎的族群會比較密集

虎非常不利，稀少化或絕跡都有可能，所以要野採牠們就得看準時機才會有豐碩的收獲。

飼養

時而隱時而顯的體斑，有的分列在體側，有時連成一縱紋，受到驚嚇時全身白皙，狀態好時眼下往後斜的黑紋與體斑顏色深；牠們與爪哇擬、小擬鰕虎棲地重疊，淡化後可於純淡水環境中飼養，這從某些族群具棲息在淺水域的習性得以證實；另外，本種因體型小，要和他種混居競爭是居弱勢，若混養時需多加留意。

如果單養本種或是混養的魚

公魚的數量在密集族群中仍然是少數

外型酷似本種，全身白皙，身上除了微見黃色斑塊之外，就連鰭膜也沒有色素痕跡的個體

縱紋擬鰕虎

種是擬鰕虎時，縱紋擬鰕虎可就不是溫文儒雅的紳士了，即便是母魚也非常凶悍，啄咬其他鰕虎用以堅守地盤的情形反倒比起公魚頻繁，相爭到破鰭處處的情況經常發生。

　　本種目前可以查到其描述，但是卻仍屬 sp.，尚無學名也是令人疑惑的一點，在某種狀況下亦會隱沒斑塊而呈現出透明的鰭膜，這時就容易誤認為是小擬鰕虎；體型看似本種卻在體斑的表現上有些差異的也有，既然也 sp. 很久了，是不是同種也不是筆者能斷然確定的，我們僅能期待本種儘早在學名上有個確定依歸而已；事實上擬鰕虎絕非僅爪哇擬鰕虎及小擬鰕虎或是再加上短身擬鰕虎三種而已，由於體斑的浮沉增添肉眼辨識的難度，究竟能發覺有幾種也是此屬有趣的點。

母魚在排擠同類的動作比起公魚頻繁

縱紋擬鰕虎

縱紋擬鰕虎

正常且熟悉的本種

短身擬鰕虎

Pseudogobius sp.

公母魚的分辨在第一背鰭的差異相當明顯，公魚第一背鰭大且高聳，母魚則是小且呈圓鈍狀

特徵

體較高，體色偏黃，第一背鰭鰭膜具黃黑相間的斑塊，公魚第一背鰭不但高且會往後彎，所以有人稱之為彎鰭擬鰕虎。

分佈

依目前經驗在台灣南部及東北部的河口及魚塭有分佈。

野採

牠們棲息地與爪哇擬相同，喜愛在半淡鹹水的河口區，依筆者經驗甚少在魚塭發現，常在岸邊河口區草叢處發現棲息，多在岸邊淺水區，如用手撈網採集時必須將網子離岸近處，再從草叢基部將牠們趕出會比較有效率。

在河口感潮帶野採時，特別是草叢根部的魚蝦藏匿點，常會一起

接近河口處，在退潮時會呈現全然淡水的區域，本種就在植物的根部下躲藏，公魚的數量比例是所有擬鰕虎中最少

撈獲等齒沼蝦（*Macrobrachium equidens*）。這種沼蝦在幼蝦時期第二步足會有明顯鵝黃色節斑，反而比較美麗。

飼養

　　體型比起爪哇擬稍大且粗壯，最大養到約近 5 公分，成熟公魚的地域性強，遇到體型相當或同種靠近時，背鰭豎起，頭部黑色素集中，裂嘴黑頭狀似兇神惡煞，此時特化的胸鰭不再是做吸盤用，而是配合臀鰭墊高身軀來威嚇對手，無論是背鰭、胸鰭、臀鰭還是尾鰭，要比台灣已發現的其他擬鰕虎來得大且具鵝黃色斑，躍起時揚著稍大的鰭有如蝴蝶飛舞，故也有人稱作"蝶翼擬鰕虎"。

本種的兩雄之爭或是地盤保衛戰，鰭條怒張並將身軀墊高的雄姿非常精彩

雙眼斑砂鰕虎

Glossogobius biocellatus (Valenciennes, 1837)

砂鰕虎

公魚體色較多黑色斑塊，白色部分有時因擬態的需求會呈灰黑色，母魚體色單調偏褐色

特徵

　　第一背鰭前後方各具一黑色眼狀斑點，因而得名「雙眼斑」。

分佈

　　分佈於台灣東北部河口及下游地區。

本種在魚塭中還算常見

野採時從正上方看，本種從眼端到唇邊會有兩條黑紋

野採

　　砂鰕虎藏身於泥質沙、礫石及枯葉朽木下。沿岸河口及紅樹林邊緣皆可見其踪影，保護色極強，通常伏於沙泥地不愛游動，受驚時卻會迅速躲入鄰近石頭或沙泥下，也常在河口或魚塭中尋獲，游泳能力不強，定住網後擾動底沙時即可將本種趕入網。

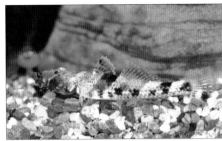

本種不同體色的表現

移動時鰭條盡張的樣子，配合滿佈的節點甚是美麗

飼養

　　本種雖然會在退潮時仍留在淡水域，建議入缸時最好先保留原棲地的水，再以乾淨淡水緩和對水，待逐漸適應後再入缸中飼養。因其體斑與鰭條上滿佈的節點，加上體斑的顏色深淺變幻非常美麗；因不喜游動故以其體色、體斑變換與環境融合的擬態，以守株待兔的方式覓食；在魚缸中見其常貼地不動以為個性溫和，事實上，牠們常在小魚未提防的情形下發動攻擊，就連筆者也未曾見其攻擊行為，但時常見其圓鼓的肚子，好奇將牠撈出後，親眼看見牠吐出一隻小魚！被吞下肚的小魚竟有其身長的一半，從口裂看來本種要對小魚生吞下肚也不是難事。

雙眼斑砂鰕虎

舌鰕虎魚屬 *Genus glossogobius*

鰕虎除了枝牙鰕虎是偏素食之外，有幾種稱「鯊」如禿頭鯊、種子鯊等雜食偏肉食，牠們會撿食有機碎屑或啃食死魚，偶有垂手可得的小魚、小蝦才會動手攻擊，而接下來的舌鰕虎屬則全然是掠食者，其特大的口裂即是精良的掠食武器，配合碩大體型，不論是守株待兔或是主動攻擊，都是典型的掠食主義者。

金黃叉舌鰕虎

Glossogobius aureus (Akihito & Meguro, 1975)

金叉舌鰕虎

略扁的身軀及體側明顯的黑斑塊是本種特徵

特徵

　　體色呈淡棕色或黃棕色，鰓蓋具有金黃色的光澤。體側具有一列約 5 個黑色的斑塊，吻長而頭與身體略扁。

分佈

　　台灣沿海的泥沙底質的沿岸區、河口區、港灣、紅樹林等區域裡都可以找到。

宜蘭河口棲地退潮後的景象

野採

　　金叉舌鰕虎較少侵入到純淡水水域中，在半淡鹹水域的區域裡經常撈到成魚，由於本種屬掠食性魚種，不一定需要環境的掩護，經常可在河口或魚塭開闊處發現牠們的蹤跡。

飼養

　　筆者不曾專為本種進行野採，因河口區常能發現故不需刻意尋找；此外常撈獲 10 公分以上的體型，本種可以成長到 18 公分以上，若無法準備一只專養大物的魚缸，只要放一隻 10 公分以上的金叉舌鰕虎入缸，毫無疑問的魚缸內其他的魚隻將在近期內消失殆盡。

　　偶有尋獲其幼魚時則會暫時養在缸中觀察，本種的成長速度快得驚人但也伴隨食物需求量跟著增加，餵食之外還會掠食其他生物才能滿足其食量。平時除了以守株待兔方式攻擊路過的魚隻，也會積極尋找口能容下的小型獵物，如此才能成就這大型物種。

某種角度欣賞會有金黃色體色的呈現

盤鰭叉舌鰕虎

Glossogobius celebius (Valenciennes, 1837)

多孔叉舌鰕虎

特徵

　　體側具 5 列不連續的黑褐色線紋；頰部具不規則的黑褐色斑塊，成熟公魚第一背鰭會有黃色眼斑。

分佈

　　分佈於台灣東部的溪流下游水域。

野採

　　本種幼魚及亞成魚偏好在泥質底的溪流下游的河口感潮帶，成魚則會上溯到淡水區域中棲息，偶見於半鹹淡水區內。

　　記得在淡水域捕獲的公成魚是躲藏在草叢基部，該棲所還撈到一隻稀有的幼蝦 - 絨掌沼蝦 *Macrobrachium esculentum*，這容貌高貴的蝦子可是不容易尋獲的，雖

然還小卻也是一大收穫。

飼養

　　對於本種，雖然其口裂不像金叉舌來得嚇人，但是牠仍然是掠食性魚種，再加上可達 12 公分的體型，在魚缸中也是屬於不可久養的魚種；筆者曾經養數隻同體型的本種幼魚，同類間地域爭鬥非常頻繁，飼養時要特別注意。

點帶叉舌鰕虎

Glossogobius olivaceus (Temminck & Schlegel, 1845)

特徵
　　眼後的項部約具有4群小黑斑。

分佈
　　台灣西岸以及東北角的沿海水域及河川下游、河口區等水域。

野採
　　第一次撈到此魚是在礁溪的廢棄魚塭約10公分左右，在魚塭的棲所屬多泥的池底，其後也在新竹連通河口的人工湖內以耙土方式野採到數隻；在所有叉舌鰕虎中，要野採到本種大都是要到這種爛泥地的環境，能不下水而在岸邊耙獲算是幸運了；另外用釣的也是一個好方法，但誘餌要以沉底方式且釣獲的體型通常是偏大型，筆者曾隨友人至魚塭釣魚，所釣獲的點帶叉舌鰕虎都在12公分以上；如果想養大的點帶叉舌可用此方法，不然就辛苦點在岸上耙土囉！

飼養

　　在純淡水域甚少野採到本種，較常在魚塭與半淡鹹水的河口處尋獲，但可經過較長時間的淡化後仍能在淡水缸中養成；記得第一次抓到的約10公分大魚，當時剛好有一空缸用來單獨飼養，此掠食性巨魚養起來感覺非常過癮，就好比在獨立柵欄中飼養一隻猛虎，任何放入的小魚、小蝦均會被牠一口吞噬。

鈍吻叉舌鰕虎

Glossogobius circumspectus (Macleay, 1883)

横列叉舌鰕虎

特徵

　　體呈灰白色，體側有較不明顯的黑色斑成縱列。

分佈

　　目前發現在西南部溪河的下游河口區。

野採

　　鈍吻叉舌鰕虎生活於河口半淡鹹水域的泥質地中，或是潟湖、內灣等棲地裡。底棲性魚類，通常棲息在緩流區或較靜止的水域中。以小魚或蝦、蟹等無脊椎動物為食。到台灣西南部溪河下游野採，當地缺乏鯉科魚種，迴游水中層的魚種較常見有大口湯鯉 (*Kuhlia rupestris*) 及黑邊

西南部溪河下游，無感潮帶的河口

大口湯鯉 *Kuhlia rupestris*，俗稱黑尾冬

湯鯉 *(Kuhlia marginata)*，這兩種湯鯉是淡水河口常見的魚，其中又以黑邊湯鯉最多。

飼養

　　本種習性與其他叉舌鰕虎相似，吻大、兇悍、掠食性強，外觀與金叉舌相似但體較高；我們飼養叉舌鰕虎的時機也僅僅在牠們幼魚至亞成魚期間；一般常見就有約 8~12 公分，在鰕虎族類中已經是他種成魚的最大體型了，如果養到最大體長 18 公分左右時，再和其他魚蝦混養時，其他的魚蝦都將淪為飼料。

黑邊湯鱧 *Kuhlia marginata*

鈍吻叉舌鰕虎

雙鬚叉舌鰕虎

Glossogobius bicirrhosus (Weber, 1894)

特徵

　　下頷前端的腹面上有一對略粗的短鬚。

分佈

　　台灣西南部及東北角的河口區、港灣等水域裡。

野採

　　雙鬚叉舌鰕虎主要棲息在半淡鹹水域的區域裡，抓到的區域雖然仍屬河口，若硬要劃分的話，本種已經在非常靠海的區域；截至目前筆者未曾有過在魚塭抓獲此魚，而野採此魚需慎選地方，在水深的河口或港灣的水域中很難下手；可考慮某些河口在退潮時會呈現水淺的狀態，若溪床中爛泥不深的地方會有機會野採到此魚，野採固然有趣但安全才是第一要務。

飼養

　　雙鬚叉舌鰕虎的掠食性不強，我們可從其下頜前端的短鬚猜測，應該是匍匐在泥質溪底時用以感測泥中蠕蟲，這種無脊椎動物是牠的主食，難怪本種是所有叉舌鰕虎中對冷凍紅蟲接受度最高，根據經驗入缸僅半日就會吃紅蟲了。

　　筆者原本是準備將此魚列入靠海的半淡鹹水鰕虎中介紹，但由於此魚也能在純淡水中養成，所以仍歸在叉舌鰕虎中介紹；本種體斑顏色豐富，在所有叉舌鰕虎中算是美麗的品種。

雙鬚叉舌鰕虎

叉舌鰕虎

Glossogobius giuris (Hamilton, 1822)

特徵

　　體側具有 5~6 條黑色的縱紋。幼魚與金叉舌鰕虎類似，成魚後明顯頭部較粗曠。

分佈

分佈於台灣西南部及東北部的河口區或紅樹林區的水域中。

野採

喜好棲息在河口域的沙泥底質的棲所。較不偏好游動，多停棲在沙泥表面上。到魚塭中尋找本種仍然是最佳的方式。

抓鰕虎的工具中，蝦籠的使用是很好的一種守株待兔的工具，本種是筆者在調查魚塭的棲息物種時捕穫，在河口也經常有人釣到；一般來說，超過 20 公分以上的叉舌鰕虎應該就是本種，在所有的叉舌鰕虎中，儘管有幾種在相貌上難以分辨，但是，能長到 20 公分以上的就可以肯定是叉舌鰕虎。

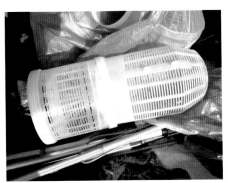

谷津氏絲鰕虎

Cryptocentrus yatsui (Tomiyama, 1936)

亞氏猴鯊，絲鰕虎屬 *Genus Cryptocentrus*

公母魚的一背鰭均有延長成絲狀，但是公魚的豔麗是母魚遠不能及

特徵

　　第一背鰭的第 2 鰭棘特別呈絲狀延長；鰭膜具褐色或青色的不規則小斑點。

分佈

　　台灣及澎湖地區的特有種，分佈於台灣西岸的河口區及紅樹林區的半淡鹹水的水域中。

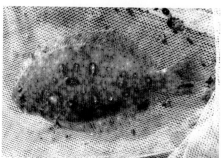

位於新竹河口的人工潟湖，水質不是很乾淨加上水底不知會不會有會傷人的物體，僅能用長柄手撈網在岸上耙魚

野採

　　亞氏猴鯊喜好棲息於沿岸沙泥底質及河口、紅樹林、內灣的半淡鹹水區域中。夜行性，白天多半躲藏在泥灘底質的洞穴裡。說起此魚分佈，南北相差許多，在台灣中北部以上的河口處尋找本種時須以耙泥的方式，連同泥與鰕虎一起鏟起，然後在爛泥中看看是否有耙中；筆者曾經在河口處的潟湖中耙了許久，才在網中的泥堆發現一隻；而此魚在南部魚塭的排水溝中竟是數量龐大，縱然要抓牠仍得與爛泥搏鬥，不過總是可以抓到數隻同養。

　　說起在潟湖耙魚的經驗，水質不佳的環境魚種確不少，令人驚訝的是還耙到一隻卵鰨（*Solea ovate*），當時還以為是比目魚呢！

飼養

　　本種的兇狠似乎無魚能敵，碩大的口器就好像具強力馬達的吸塵器，任何靠近的小魚均難逃被吸入的命運；如果餵食充足的話，牠們經常吃到肚腫腸肥狀，相對的，多吃也多長，

錢魚 (*Scatophagus argus*)

小雙邊魚 (*Ambassis miops*)

谷津氏絲鰕虎

要不了多久就只能獨
養本種而已，本種在
飼養上建議僅單養本
種即可，在牠們的體
型壯碩之時放活的黑
殼蝦或是小魚入缸，
這時除了欣賞魚體艷
色之美，還能欣賞本
種獵食的粗暴之美。

　　依筆者經驗，與
金錢魚（*Scatophagus
argus*）、小雙邊魚
（*Ambassis miops*）
等具硬棘的魚種混養
時，由於硬棘恐難以
下嚥，所以兩者共養
相安無事。

其他小魚可就沒那麼幸運了，圖為本種一口咬住一條小叉舌鰕虎

谷津氏絲鰕虎

台灣葦棲鰕虎

Calamiana sp.

極樂米鰕虎

特徵

　　頰部會有四條紅褐色斜紋，宛如極樂吻鰕虎頰部蠕紋。

分佈

　　台灣東北部及西部，河川下游水域以及廢棄魚塭及附近的排水溝渠中皆可尋獲。

野採

　　如果說是在河口處採集本種，必須等退潮時段在淺水域中尋找，依經驗來說數量較密集之處反而是在廢棄魚塭中，經常與擬鰕虎混棲故野採擬鰕虎時偶會尋獲幾隻，畢竟牠們的數量比起擬鰕虎要少，在手撈網中因色系與擬鰕虎相似而常被誤認是擬鰕虎。

　　由於本種是台灣未發表種，加上第一次撈獲是約 1 公分的幼魚，

魚塭的野採多半只能從岸邊著手，事實上，鰕虎多是偏小型魚種，要在深水的機率也不高，岸邊的環境就可以找到本種

在無從比對的情況下乃求助野採前輩,原來不論是學術界或是野採族,早有人尋獲此魚;尚未給正式中文的本種僅知是葦棲屬鰕虎,因其臉部具似極樂吻鰕虎蟲紋,個頭卻不如吻鰕虎大,就好比是沼蝦及米蝦的差別,所以稱其為極樂米鰕虎。

飼養

　　本種以河口生物來說算是好養,牠們雖然甚少在感潮帶以外的淡水域發現,但的確能夠適應純淡水的環境,第一次養是僅約1公分的幼魚,與擬鰕虎混養的情況下均能順利養成,養至約6公分大時費時六個月,當然這是在魚缸中的飼養,如果在野外的本種成長速度應該會更快。

幼魚時期的小巧可愛和成魚的粗壯威武,形象大不同

本種領域性
甚強，在缸中雖
然少與他種起衝
突但同類之間的
對峙、互吼卻是
經常出現，若以
飼養鰕虎的初衷-
魚鬥之美看來，
台灣葦棲鰕虎算
是很優的物種，
儘管身上的顏色
單調，然而獨樹
一格體紋及經常
的爭鬥讓此魚加
分不少。

多鱗伍氏鰕虎
Wuhanlinigobius polylepis (Wu & Ni, 1985)

胭脂葦棲鰕虎

尾柄上的藍點疑似公母魚的分辨點，有藍點是公魚

特徵

　　體色灰，全身佈滿淡綠色短條紋，下顎唇緣一絲紅線，公魚尾柄基部上方有一藍色亮點。

分佈

　　目前僅在台灣西岸大型河口、紅樹林有發現。

野採

　　多鱗伍氏鰕虎的棲所相當令人意外，就在淡水的淺水區，牠們棲息在泥穴或石塊或腐葉的下方。要野採牠們並不難，只要拿支小撈網在淺水區翻動石塊來尋找，相對困難的部分反而是尋找牠們的棲地。

本種常躲在小水坑中，與阿部鯔幼魚混棲在一起

飼養

　　本種在台灣是未經發表的物種，看牠的外型最像的是鯔鰕虎，體色及身上紋路則像葦棲鰕虎，1999 年參考文獻中稱之多鱗鯔鰕虎（*Mugilogobius polylepis*），2000 年稱之多鱗克莉米亞納（*Calamiana polylepis*）。直到 2009 年更新為多鱗正頜 *Eugnathogobius polylepis*，後來，多鱗伍氏鰕虎 *Wuhanlinigobius polylepis*（*Wu & Ni,* 1985）是截稿前的最新資料；這隻魚的特徵"多鱗"一直保留，然而屬的歸屬一直是在確定中，足見鰕虎的分類是一大學問，在這隻鰕虎身上的爭議更是特別明顯。論及中文名稱，筆者倒覺得"胭脂"用來形容下顎唇邊的一抹紅線還蠻貼切的。

　　本種的廣鹽性強，淡水、汽水甚至海水的環境牠都能存活，不僅如此，在初入缸試餵紅蟲時，馬上就會從石頭下方出來覓食，算是適應性相當強的鰕虎，要是牠如棕搪鱧是體型大的掠食者，或許在野採回家路上就會嗑掉其他小魚。

　　截至本書出版前，缸中的多鱗伍氏鰕虎體型不過 3~4 公分；飼養時有一個狀態可以觀察，當本種在激動狀態下原本透明的鰭膜會變黃，體色加深至與身上的短條紋同色條紋消失，但是，鵝黃色的尾鰭配上更亮的藍點，會是非常亮眼的鰕虎。

多鱗伍氏鰕虎

不只是公魚，母魚在遇地魚阻擋在前時，弓起身體準備逞兇的模樣還真滑稽

本種大至約 5 公分時常以爬跳方式在水坑間移動

多鱗伍氏鰕虎

多鱗 伍氏鰕虎

霍氏間鰕虎

Hemigobius hoevenii (Bleeker, 1851)

斜紋半鰕虎魚

特徵

　　頸背至胸鰭基底上部具深色斑紋；每一鱗片邊緣深色，形成深色網狀斜帶

分佈

　　僅分佈於台灣西部的河口區或紅樹林濕地等地區。族群量不多，較為少見。

野採

　　霍氏間鰕虎生活於半淡鹹水區裡，喜好躲藏於泥灘地的石礫堆的孔隙中。對鹽度的耐受力較廣，所以亦分佈在潮池裡。原本文獻記載本種僅發現於台灣西南部的河口區或紅樹林濕地等地區，但是筆者卻於淡水河沿岸紅樹林處尋得，可見整個台灣西岸都有機會尋獲；族群量不多，較為少見，這是野採本種最大的難

漲潮時，河水漫上紅樹林，填滿水坑的不只是溪水，有些幼魚也趁勢衝上來而因退潮後滯留在水窪中

處，其次面臨紅樹林區的泥沼亦是一項艱鉅的挑戰，再者，本種多半與阿部鯔鰕虎幼魚混棲，在泥水滿佈的網子中極難辨認出來，通常得先入缸，待水清後才能將本種與阿部鯔鰕虎區分出來。

飼養

　　本種為雜食性的小型底棲魚類，以攝食小型無脊椎動物、底藻等為主。餵食仍以冷凍豐年蝦、紅蟲即可；通常以 2~4 公分較為常見，最大可達約 5 公分左右，由於筆者採獲的個體僅約 1 公分左右，由於本種幼魚生性膽小，遇警則鑽縫並緊貼壁緣，筆者即在一次遇其鑽入過濾器中，欲救出幼魚而不小心因擠壓而掛了，截至截稿前筆者多次探查仍未有獲，後來更因常去的棲地因水泥化而中止。

幼魚身上的網狀斜帶其實有助於隱身於環境中

霍氏間鰕虎

塘鱧科 *Family Eleotridae*

從河口鹹潮帶到近河口的淡水域中，同屬鰕虎魚亞目，但是在塘鱧科下的塘鱧屬、棘鰓塘鱧屬、烏塘鱧屬以及脊塘鱧屬（*Genus Butis*）、頭孔塘鱧屬（*Genus Ophiocara*）、珍珠塘鱧屬（*Giuris Margaritacea*），牠們雖然游泳的方式與鰕虎科的魚種不同，一樣是雙背鰭也一樣有著強烈領域性，故在本書中仍然將之視同鰕虎。

塘鱧屬 *Genus Eleotris*

本屬我們將介紹有褐塘鱧、尖頭塘鱧，本屬與叉舌鰕虎一樣同屬大型的掠食物種，仍然是不可久養的魚種，除非能單獨飼養或者如筆者一樣，僅飼養幼魚，待牠們漸長至亞成魚時，在未造成傷害之前將牠們放逐野外。

褐塘鱧
Eleotris fusca (Forster, 1801)

公魚第二背鰭較為寬大

特徵

　　體棕褐色，腹部淺色，眼後至鰓蓋邊緣常有兩條深褐至黑色縱（頭尾）向條紋。

分佈

　　台灣全省的河口、紅樹林等淡水至鹹淡水域。

褐塘鱧

會因應環境而改變體色呈深褐色

褐塘鱧算是非常普遍的魚種,找個棲所優美的環境慢慢翻石頭就可以野採到了

野採

本種棲息礫石及沙泥底河口的石下及縫隙生活,分佈範圍從半淡鹹水至純淡水都有。晝伏夜出,肉食性,以「守株待兔」方式獵食。

以前筆者到近河口的淡水區野採台灣吻鰕虎時,經常使用 "翻石頭" 的方式,將網子靠在石頭旁邊將石頭翻起,掀起時總會有生物以非常快的速度衝入網子中,例如台灣吻鰕虎、禿頭鯊、沼蝦等,而褐塘鱧也是會如此捕獲的物種之一。本種是夜行性,若要在白天見到牠們在開闊的水域中活動的機率為零,若不想夜採那麼翻石頭是不錯的方式。

飼養

野採到褐塘鱧時需記住勿混養過小的物種,褐塘鱧就算是剛被捕獲不久也能開始掠食,小魚、小蝦和牠同放一缸難免會成為掠食目標;通常會因好奇而飼養幼魚,且幼魚非常可愛,但長大以後,常見到牠們蜿蜒如蛇的游泳方式,接近體型較小的魚時會突然爆衝發動攻擊並一口吞掉;所以飼養本種要隨時注意,確保同在缸中其他魚的大小必須是無法吞下的體型才行。

褐塘鱧最可怕就是那張幾乎什麼都吞的嘴

尖頭塘鱧

Eleotris oxycephala (Temminck & Schlegel, 1845)

特徵

　　背部顏色較淡而中間顏色較深，整體分成上下淺深兩色，口裂斜往上顎，兩顎交會在頭部上方而讓頭部看起來是尖的。

分佈

　　台灣全省的河口、紅樹林等半淡鹹水域與淡水域。

野採

　　幼魚身體呈透明狀，從河口經半淡鹹水域適應後進入淡水域下游生活；所以在河口區撈獲的透明細條狀的塘鱧多半是尖頭塘鱧幼魚；到岸邊草叢基部或石礫處可以趕出成魚，牠們的習性與褐塘鱧都相同。

近海處的河口較常捕獲本種，常遇見還有外來種泰國鱧，有此物種存在的水域即使是尖頭塘鱧也不是牠的敵手

筆者曾經接受學術單位的請託而專程尋找此魚，以往不論是撈獲何種塘鱧總是隨手放掉，因受人之託開始細觀入網的是否為尖頭塘鱧，才開始體會到分辨塘鱧品種所帶來的樂趣，現在想起來真該感謝給筆者機會的朋友們。

飼養

尖頭塘鱧最有趣的部分是觀察顏色變化，從河口野採的透明幼魚開始，腹部可以看出有一氣囊，入缸第二天氣囊周圍的色素即開始擴散到全身，從斑點開始會隨著成長從有點綠到全身成褐色；由於口裂開口在頭部上方，本種在未生氣的狀況時看起來就有些面目猙獰，而實際上，牠們的掠食習性確實對小魚、小蝦造成威脅，會利用特化成吸盤的胸鰭，停歇在水草上方後再俯衝下來攻擊小魚。想要久養此魚仍然建議勿將小型魚與之混養。

幼魚時期為了通過龍蛇雜處的河口，全身呈透明狀

遇驚嚇時會全身白皙，此時與棕塘鱧就很像了　　　　穩定並熟悉環境後體色黑褐，黑的會讓人與黑塘鱧聯想在一起

塘鱧屬的其他魚

　　塘鱧屬下的品種都是屬於掠食物種，晝伏夜出並以「守株待兔」方式獵食，白天躲藏在石頭下方、泥穴，主要以小魚、蝦和蟹等生物為食。牠們生長快速約兩年可至成魚，生命週期可以達 6 年或以上。

　　對於本屬的魚隻大多是先從幼魚開始養，長大後視情況放回棲地或是繼續飼養，關於另兩種塘鱧，刺蓋塘鱧（*Eleotris acanthopoma*）及黑體塘鱧（*Eleotris melanosoma*）的辨識則有一定的困難度。以下列出幾種不同型態上的幼魚：

以下是筆者尋獲的不同型態及花紋的幼魚，事實上，以筆者的角度要全程養至可辨識的程度，可謂決心不足，飼養這掠食性高的魚種，想到牠們愈益壯大則殺傷力愈強時，不免興起及早放生的念頭。

不過，筆者的確為了這難辨的塘鱧出征數次，從半淡鹹水的河口一直到淡水域，除了翻石頭之外，也涉掠叢草雜亂之處，雖無明顯收穫，但是，叢草雜亂之處正是米蝦藏身之所，塘鱧也會因獵食米蝦而在此處藏身，有叢草的掩護又有食物可吃，這類型的棲所是許多物種偏好的地方，不僅會抓到塘鱧，還有另一種酷愛吃米蝦的生物，那就是海龍，牠們也因食物及躲避來自上方的鳥類攻擊而棲身於此，野採時候會連同鰕虎及塘鱧一併採獲，目前能從汽水域到淡水域皆可尋獲的海龍共有四種：

七角海龍 (Hippichthys heptagonus)

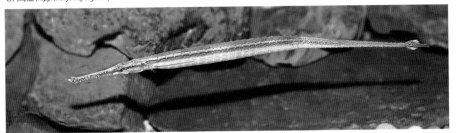

短尾海龍 (Microphis brachyurus brachyurus)

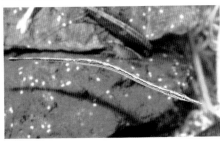

印尼海龍 (Microphis manadensis)

雷氏腹囊海龍 (Microphis retzii)

黑點脊塘鱧
Butis melanostigma (Bleeker, 1849)

倒吊魚，塘鱧科下的瘠塘鱧屬 *Genus Butis*

公魚會有明顯的鰭外緣黑紅邊，頭型霸氣，口裂也較大

特徵

　　腹部及體側均散佈細小的黑色斑點，又稱黑點脊塘鱧。背鰭深灰或黑色，上緣或上部呈白色或透明。尾鰭灰黑色，上部呈白色略透明。

分佈

　　台灣西部及東北部河口及紅樹林泥沙底質的區域中。

野採

　　主要棲息於沿海灣、河口、紅樹林等鹹淡水區礫石或枯木縫隙，也會依附在水下植物莖部或枯枝上。我們尋找此魚時要特別針對退潮後尚有部分在水中的蘆葦叢或水邊植物，此時

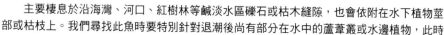

宜蘭地區河口水生植物下方正是本種喜愛藏身之處

黑斑脊塘鱧多半還依附在水下植物的莖上，將網子固定在一邊，從另一邊驅趕即可讓牠逃入網中。這種野採模式不需著重溪底的驅趕，因此除了本種的捕獲之外，有許多中上層水域的魚種也會入網，這種環境下有一種外來魚種同棲，巴西珠母麗魚（*Geophagus brasiliensis*）的幼魚非常美麗，可是長大就是人們口中說的"藍寶石"，那可是非常兇悍的物種；什麼都有！這就是為什麼河口會讓人迷戀的原因。

巴西珠母麗魚 *Geophagus brasiliensis* 的幼魚

飼養

　　晝伏夜出，沿物體表面游動，以突襲的方式攝食小魚、蝦蟹等生物，事實上本種還有一個別名稱為"倒吊魚"，也就是說肚子向上的游泳方式。牠的鰭會有部分有顏色而部分是透明的，看上去是破鰭處處，一副衣著襤褸的樣子，再配合倒著緩緩靠近小魚、小蝦，其怪異

游動方式讓受害者看不清牠的嘴在哪，隱約只見一枯葉靠近而已但下一秒就發動攻擊，本種就是用這種方法獵食的；這些行為在魚缸中都可以見到，看牠游動及覓食或是依附在水草上都是很有趣的觀察。

本種常倒著游泳或是漂移

黑點脊塘鱧

鋸脊塘鱧
Butis koilomatodon

花錐脊塘鱧

特徵

　　體側有 6 條暗色橫帶，有時橫帶會不明顯；眼下方及眼後下方常具有 2~3 條輻射狀灰黑色的條紋。比起黑點脊塘鱧在體型上顯的較為短胖。

分佈

　　分佈於西部、北部及西南部等。

野採

多半棲息於河口、紅樹林濕地或沙岸沿海的泥沙底質的棲地中，同時也被發現於棲息於海濱礁石或退潮後殘存的小水窪中。要獲取本種得到具砂泥底的河口或是海濱礁石區在退潮後殘存的小水窪中尋找。本種經常躲在樹枝、雜物之間。

飼養

本種是屬暖水性近岸小型底棲性魚類，通常行穴居生活，屬於底棲性魚類，多半在夜間出來覓食，以攝食小魚及甲殼類等為生。本種屬截稿前的收獲，感覺上是無法淡化的魚種，仿棲地的飼養環境設計上應添加較複雜的造景物，諸如樹枝、沉木或較多的石塊，可以提供牠們附著藏身的地方。

鋸脊塘鱧

中國烏塘鱧

Bostrychus sinensis (Lacepède, 1801)

烏塘鱧屬

特徵

尾鰭基部上方有一大型的黑色眼狀圓斑。

分佈

台灣西部河川的河口半鹹淡水域中，尤以台灣西南部的河口區及紅樹林區較為常見。

野採

台灣西岸的河口多港灣深水居多，淺水區域也有，但是紅樹林區的爛泥會讓涉入者身陷泥沼，不要說抓魚，就連走路都有困難；退潮時分紅樹林的根部會露出水面，到紅樹林找魚最常踩踏的地方就是牠們的根莖部分；中國烏塘鱧雖然是棲息在河口區及紅樹林區的潮溝裡，退潮時，卻會躲藏在泥灘的孔隙或石縫中，難以此種方式找到，但是本種體型大者會在深水區被釣獲，如果不想

深陷爛泥，在岸邊用釣
的來獲取中國烏塘鱧是
很好的方式。

飼養

　　中國烏塘鱧雖然也
是很偏海的物種，但是，
對鹽度變化的耐受力很
強。夜行性魚種。肉食
性，喜歡攝食蝦、蟹等
小型的無脊椎動物及小
魚等。最大可長至約 20
公分左右，掠食性強的
本種在體型達到十幾公
分以上時，在魚缸中簡
直就像是一個殺手，從
日落到日初，暗夜中總
會聽到魚缸中水花激濺
的聲音，這是獵食造成
的衝擊聲音，隔日清點
時總會少了幾隻小魚，
如此不過數日，魚缸中
體型小的魚便悉數被其
清光，養此魚終究只能
單養而已。

中國烏塘鱧

珍珠塘鱧

Giuris margaritacea (Valenciennes, 1837)

珍珠塘鱧屬中的唯一物種，以前稱為無孔塘鱧

公魚艷麗的體色讓人一眼就看出來，特別是背鰭與身體的金黃色格外明顯

特徵

側線具有一列黑色的斑點，背側有不規則的黑褐色斑點。頰部於眼後下方有放射狀的黑褐色線紋。

分佈

台灣東北部及東岸，南部地區水質清澈的溪流中下游水域均有分佈。

珍珠塘鱧幼魚相當可愛

珍珠塘鱧的分佈極廣，舉凡靠近河口的淡水域或感潮帶都有其蹤跡，筆者最喜歡還是在淡水域的淺灘搜尋本種幼魚來飼養

野採

　　珍珠塘鱧喜好生活在溪流中下游的淡水區域，6 公分以下的幼魚在會在中上層活動而成魚則習慣躲藏於岩縫中；從淡水到河口區的半淡鹹水中甚至海邊退潮後的水坑都可以發現；野採成魚可以用釣的方式而幼魚則採用網子在岸邊水域趕入網即可。

第一次尋獲本種是和種子鯊同時發現，共棲於一地，當時是到東北角一處無感潮帶的河口去玩沙，發現數隻約1公分幼魚以躍進的游動方式游動，用手撈網撈了數隻帶回。牠們雖然游動迅速但並不像禿頭鯊會鑽入沙中或避開手撈網，所以要野採此魚不會太過困難。

飼養
　　本種很好照顧，但須注意幼魚跳躍力強，入缸後稍一不慎就會發生跳缸的不幸事件，建議加蓋或是魚缸水裝一半就好；躍進式的移動方式讓大魚想到牠也不容易且成長速度快，長到約3公分時對於缸內的環境也熟悉了，開始不再只待在水面上而是會在魚缸內穿梭覓食，遇餵食時間還會大膽沉底搶食。

珍珠塘鱧

筆者曾經多次從 1~2 公分的幼魚養至約 7 公分後，數量及個體體積造成的壅擠環境，所以不得已分批野放，當初的目的是想在眾多魚之中區分出公、母魚，但可惜計畫失敗，原因是即使體長已達 7 公分的一群珍珠塘鱧中竟然找不出公魚，公魚與母魚究竟差異是如何呢？這個疑問在日後的一次野採中得到解答；當時從友人手接下他口中嚷嚷「異常美麗的無孔塘鱧」，方才識得公魚的廬山真面目，因公魚數量非常稀少，以前所養的那幾批竟然全是母魚，而公魚具非常華麗的體色，讓我們一眼便看出。

另外，從友人的經驗中，似乎常釣到公魚，此因公魚搶食的優勢大於母魚，釣餌常被搶先就食，所以用釣的反而比野採更容易見到公魚。本種可以大到約 16 公分，這尺寸在魚缸中算是龐然大物了，掠食的狠勁也在成魚時期明顯的表露，這就是為什麼只敢養到 7 公分而已的原因。

成魚時期會一改在水中層活動的頻率，轉而常在石縫間穿梭

頭孔塘鱧

Ophiocara porocephala (Valenciennes, 1837)

頭孔塘鱧屬 Genus Ophiocara 中的唯一物種

公魚除了 2 條白色橫帶之外會在
頭部與尾部有白色雜紋

特徵

　　體呈暗灰色或灰黑色。體側具
有 2 條灰白色的橫帶，第 1 條位於
第二背鰭起點附近，第 2 條於尾柄
上。

分佈

　　分佈於台灣西部及東北部河川

河口感潮帶的叢草下方是本種幼魚藏身之處，即使是退潮後僅水位
淺的草叢或雜物下方都有機會尋獲

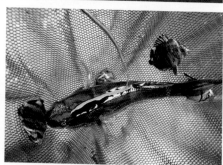

到河口的好處是不僅可撈到本種，多樣化的魚種都有機會一並捕獲

魚塭旁的排水溝是本種成魚活躍的場所，只是成魚聰明、游速快，加上此水域不是容易捕獵的環境，所以不是很好的野採場所

美麗的銀鱗鯧（*Monodactylus argenteus*），不但會隨環境改變體色，而且經淡化後可以在淡水中存活

（上）幼魚的顏色要比成魚深

的河口區，紅樹林區的半淡鹹水域裡也有，以台灣西南部為主要的分佈區域。

野採

　　每年約 11 月秋冬交替之際，在退潮後的河口，就在亂草叢生或是滿佈枯葉、雜物的水域中，總會發現許多本種的幼魚，3~5 公分不等，魚塭中以及旁邊的排水溝渠則常可見到大約 10 公分的頭孔塘鱧竄游。野採時在魚塭中竄逃的大魚很難抓到，所以野採河口的小魚是我們不錯的選擇；其實魚塭與河口相比，筆者還是比較喜歡到河口去，每次去總會遇上不同的物種，這種感覺也是在嚴苛的河口環境下野採的動力。記得一次在河口時採到的頭孔塘鱧就有 9 公分大！除了頭孔塘鱧之外還同時野採到金錢魚（*Scatophagus argus*）和銀鱗鯧（*Monodactylus argenteus*），兩者都是美麗的魚呢！

飼養

　　本種最大可長至 20 公分左右，也是不可久養的魚種；體呈暗灰色或灰黑色身體還有 2 條灰白色的橫帶，大型成魚則退化而較不明顯。一般來說原生魚多以灰色系居多，但本種幼魚時期除了白色橫帶明顯之外體色還是深藍色系十分少見；基於體色以及掠食性的顧慮，筆者喜歡在自家魚缸中佈置綠油油的水草，紅色鰕虎負責底棲（紅斑鰕虎），中層有海龍穿梭，珍珠塘鱧幼魚在上層活動，配上藍色系的本種幼魚，宛如一幅美麗的畫。

本種顏色在魚缸中是相當顯眼的

頭孔塘鱧

頭孔塘鱧

斑點竿鰕虎
Luciogobius guttatus (Gill, 1859)

特徵

身型長條，體色淺　褐至棕褐色，腹部淺色，體側至背方有不規則褐色散斑及微細白色圓點。

分佈

台灣北部河川下游地區，主要分佈河口、紅樹林等半淡鹹水的淺水區域。

野採

竿鯊習性喜穴居於中小型礫石及朽木下縫隙生活；一般來說野採要有豐厚的收獲，那得看你的工具精良與否，愈大的網能捕到的數量及種類機會愈多；常說工欲善其事必先利其器，

剛入缸的幼魚總是細細瘦瘦的

有了精良的野採工具才能無往不利；可是野採斑點竿鯊就算用較大的網子恐怕也無用武之地，在充滿大石礫的棲地，大網不論擺在哪都是漏洞百出，用一支魚缸用的小撈網反而比較方便，然而以行動敏捷的竿鯊來說，牠並不是翻開石頭就會束手就擒的魚種，石塊一動則迅速移往另一塊石頭躲藏，通常得追蹤數次，在牠累了或者大意才會鑽到我們的網子來。

退潮後的小石子底下正是本種的藏身處

飼養

鰕虎魚亞目下的魚種其雙背鰭是共同的特徵，然而本種在型態上身長如鰻魚且頭型又怪異，實在很難讓人相信牠是鰕虎，不過生物的演化總是讓人意想不到。每年 3~5 月間總會發現為數不少約 2 公分的幼魚藏身石礫間，在缸中飼養約三個月即可長到 7 公分大。本種極其

膽小，入缸後通常躲起來，總在熄燈後才敢探出頭來覓食，對於美化魚缸似乎作用不大，不過若能保持魚缸內的穩定（不改造景、不添加新魚種）情況下約一星期，雖然仍不會大搖大擺的出來晃，但在餵食的時候有機會看到牠們探出頭來覓食，模樣雖然賊兮兮的也不失為可愛的魚種。

養久了，從石下探出頭來彷彿是外星人的頭，圓滾滾的身材很是討喜

斑點竿鰕虎

鬚鰻鰕虎

Taenioides cirratus (Blyth, 1860)

鰻一樣的身體，頭卻長的這等怪異，這就是鬚鰻鰕虎

特徵

體呈黃褐色，有些個體也會呈暗紅色，身形如鰻也像鰻一樣可以倒退游，頭部腹側前區的兩側各具有 3 條短鬚。

分佈

沿海、河口、港灣等地區為主要分布區。

野採

鬚鰻鰕虎喜好棲息於河口、港灣、紅樹林濕地、沙岸海域等棲地中。大都出現在泥質的底質環境，常隱藏於洞穴中，因而不易採獲。本種以前在養鴨人家附近的河邊數量頗多，特別是在大雨過後，因為洞穴被沖毀而出現，經常以畚箕即可撈獲；溪流如果在適度的有機汙染時，通常會造成魚類的繁盛，然

下雨後的滾滾溪水，雖然混濁不清卻是撈獲本種的最佳時機

而汙染過大則因水優養化（註）而導致魚類難以生存，這也就說明養鴨場附近的溪流會有比較多的族群，但是隨著養鴨飼料化學物質的添加以及有毒的洗滌劑等也沖入河中，本種數量已經不如從前，要尋獲也就相對困難，在颱風過後數日到河口尋獲的機率會比較大。

飼養

　　屬雜食性，喜好以有機質碎屑、小型魚蝦等為食物來源。體長：通常為 10~16 公分之魚體較為常見，最大體長約可達 25 公分左右；本種居住水域是半淡鹹偏海水，儘管筆者曾發現牠會在偏淡水的區域活動，但是野採回來最好是先以半淡鹹水來飼養再逐步淡化，餵以紅蟲即可，本種性喜暗處，其視覺已退化，所以餵食時將燈關滅會比較便利牠們出來就食，面貌跟其他魚比較時，突起皮褶與顎下的短鬚讓牠看起來活像外星生物，很醜呢！但是審美原本就沒有標準，不尋常的長相以及難採獲的因素，尤其是在缸中的泳姿看起來與龍有幾分相似，從這樣的角度評論就美極了。

像鰻魚的本種，乍看之下倒也有幾分像是龍呢？

註： 優 養 化（Water bloom）就是藻類與其他水生植物因污染所造成之快速過量的生長。這種現象發生於水中有過多的營養鹽，在氣溫升高時情況更會加劇。雖然藻類生長很快，但因水中的營養鹽被用盡，它們也很快的死亡。當死亡的藻類被分解時，會上升至水面而形成一層綠色的黏質物。這種藻華現象會因農業區土地中高濃度氮和磷滲入水體，而更加嚴重。

鬚鰻鰕虎

感潮帶的鰕虎（二）

俗稱的細棘鰕虎在台灣魚類資料庫中分為兩屬，細棘鰕虎屬 Genus Acentrogobius 與疆鰕虎屬 Genus Amoya 兩屬，本書中即將介紹的頭紋細棘鰕虎 Acentrogobius viganensis 和青斑細棘鰕虎 Acentrogobius viridipunctatus 就是細棘鰕虎魚屬，而紫鰭細棘鰕虎 Amoya Janthinopterus 與犬牙細棘鰕虎 Amoya Caninus 是疆鰕虎屬，正確說來應該是紫鰭疆鰕虎與犬牙疆鰕虎。

頭紋細棘鰕虎
Acentrogobius viganensis (Steindachner, 1893)

雀細棘鰕虎、亮片鰕虎

公母魚的差異在第二背鰭，公魚較長寬且在外緣有一透明帶，口裂仍以公魚為大但是不明顯

特徵

　　體側散具多點亮斑，在閃光燈下更為明顯，是故有人稱之為亮片鰕虎。

分佈

　　分佈於南北部河口及下游地區。

從水上看，身上的亮片看不出來，上網後，分佈在體側的亮片讓人一眼就看出是本種

舒採

　　筆者有次在快乾掉的魚塭中拯救小鱸鰕虎時，曾經發現數隻幼小雀細棘鰕虎，當時因魚缸不足而與兇惡的小鱸鰕虎混養，終究不敵這鬼面鰕虎而無法養成。其後的魚塭行，總是在野採

臉頰黑暈是本種在激動狀態下的特殊表現

體色的差異關乎魚的心情，閃光燈的使用也是原因之一；但是項部的黑斑塊是個體差異，就好像是胎記一樣

頭紋細棘鰕虎

擬鰕虎與鮖鰕虎的同時偶能發現本種，只可惜所獲皆是母魚無法欣賞到公魚華麗的一面，這終究是一種遺憾；直到有次赴台南出差的空檔，走訪安南區的魚塭時，無意間尋得一廢棄魚塭，環境優美且十分乾淨，裡頭四處散落為數不少的鰕虎竟然清一色是雀細棘鰕虎；以前，在北部總認為雀細棘非常的稀少，但是，在這看來並非如此；經過這次巧遇又再次印證了野採界的老話，就是要「來對時間，選對地方」。

飼養

本種雖說體型不大但也可以長到約 6 公分左右，地域性的爭鬥有別於其他鰕虎，兩雄爭鬥不只是揚鰭，兇相以對，眼下方鰓蓋還會出現大面積黑斑塊，猶如古代女子塗上腮紅一般，只不過顏色是黑色的，同時背鰭鰭膜上會有黑、紅色斑開始浮現，這樣才能真正見識本種的美。飼養上可用純淡水養，但根據經驗本種與擬鰕虎一樣較不適合深水環境，特別是水深超過 45 公分又毫無鹽度的淡水缸中，若要將本種養得健康漂亮就會比較困難。

圖中這隻身上亮點明顯僅在腮邊而已，亦不見散佈在體側的細紅斑點，讀者有機會可對此類鰕虎多加觀察，或許其中不只一種而已

青斑細棘鰕虎

Acentrogobius viridipunctatus (Valenciennes, 1837)

青斑細棘鰕虎公魚在具有較寬的第二背鰭，背鰭邊有如極樂吻鰕虎公魚一樣，有著黃紅色外緣

特徵

　　體側散佈有 3~4 列青綠色的亮斑。

分佈

　　分佈於南北部河口及下游地區。

野採

　　青斑細棘鰕虎喜好在泥灘底質的河口或紅樹林區沿岸內灣的淺水區及潮地中活動。白天多躲藏在泥中的洞穴裡。所以要撈獲本種是要在夜間成功率較高，白天要有所獲，耙泥是一個方法，從泥穴中將其趕出。

港灣、潟湖都是本種常見之處，這些環境並非容易野採之處

飼養

　　事實上，筆者對本種的飼養上並不是太長的時間，主要是捕獲的體積過大，最小也有8、9公分，而且本種上下頜均具有尖銳的大型犬齒，與之混養的小魚以及小型甲殼類等都將淪為牠的食物，平常不好游動，躲在造景石塊間，想在較淡的水中飼養牠們須特別注意防止皮膚發黴，最好不要直接入淡水缸，先用半淡鹹水養，再逐漸淡化會比較好；感覺上，是比雀細棘更偏向海的生物，有久養的考慮時必須在每次換水時候加些鹽分比較妥當。

體型大又具有犬齒的細棘鰕虎打起架來可是驚天動地，造成缸中飛沙走石

紫鰭疆鰕虎

Amoya Janthinopterus (Bleeker, 1852)

紫鰭細棘鰕虎

公魚第一背鰭棘會延長程絲狀

特徵

尾鰭獨特的黑白色邊框。

分佈

分佈於台灣西岸河口及下游地區。

野採

　　紫鰭細棘鰕虎的棲所與習性與青斑細棘鰕虎雷同，兩者在族群豐度上卻差異甚大，在相同棲地中野採時，本種是少見的物種，畢竟族群數不多的物種要採獲得靠點機緣才行；野採時還有機會捕獲印度牛尾魚（*Platycephalus indicus*），非常扁的魚，雖然類似鰕虎卻是歸屬鮋形目的魚種。

印度牛尾魚 *Platycephalus indicus* 大部分是趴在水底，偽裝成底砂，只有在游動或打哈欠時才能看見牠具美麗顏色的尾巴

紫鰭疆鰕虎

犬牙疆鰕虎

Amoya Caninus (Valenciennes, 1837)

犬牙細棘鰕虎魚

特徵

　　體色呈灰白色。背面具有 5 個黑色的橫斑。體側具有許多不規則的青色亮斑。胸鰭基部上方有一大型的藍青色圓形亮斑。

分佈

　　分佈台灣西部河川的河口區及紅樹林區的潮溝、潟湖、內灣。

胸鰭基部上方有一大型的藍青色圓形亮斑是非常好認的特徵

飼養

　　本種棲息在溪流下游的河口區及紅樹林區的潮溝、潟湖、內灣，以及沿海地區的泥底環境裡。耐鹽性略廣，但無法在純淡水中生存。本種口具犬牙，是屬兇猛魚種，一同飼養的小魚無不驚懼躲藏，偶有不畏虎的初生之犢均難逃被噬的下場；體長可達 13 公分，以無脊椎動物為食，體具有河豚毒。

鰭絲竿鰕虎

Luciogobius grandis (Arai, 1970)

特徵

　　身型長條，體色灰褐色，體側與體背佈滿白斑。

分佈

　　分佈於台灣北部、東北部及東部河川下游地區，主要棲息在岩礁性海岸與河口半淡鹹水域。

飼養

　　本種是透過友人購買來的，當時以為是國外的竿鰕虎，也認為牠應該與斑點竿鰕虎一般可以淡水飼養，入缸後竿鰕虎的習性是躲了起來，但是，本種躲不到一天即出來，胡亂的泳姿讓人一眼即知是有問題，隨即在缸中加數匙的鹽，但是為時有遲了點，加鹽的動作勉強能保住幾隻，但是，僅數日的淡水環境有可能就讓牠們受創甚深，數日之後仍然掛了。

　　其後詢問友人後得知該魚的棲所，聽聞 "岩礁性的海岸" 讓人頓知養法不對，此魚仍是無法脫離鹽分，售魚者或許有意將其淡化後讓大眾能輕易飼養，但是此魚若從未到過淡水環境而硬是要淡化牠，即使能暫時存活也時日無多；淡水的環境要比鹹水單純安全許多，套具前輩所言：「魚若能適應淡水何苦待在鹹水」，養魚還是得順其自然生態才能有機會養成、並且養的漂亮，讀者若有獲此魚的話記得要用半淡鹹水飼養。

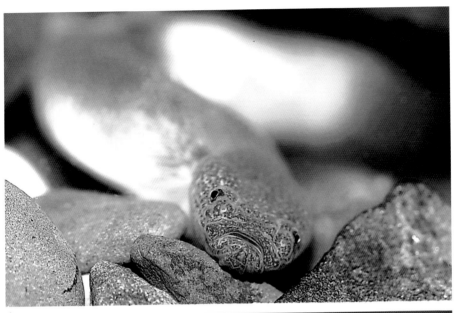

眼瓣溝鰕虎

Oxyurichthys ophthalmonema (Bleeker, 1856-1857)

眼絲鴿鯊，撒旦鰕虎

特徵

眼眶上方各具一條短絲，第一背鰭第一鰭棘延長成絲狀。

分佈

台灣西岸及東北角的港灣、河口、紅樹林等水域裡。

野採

眼絲鴿鯊常棲息在河口的緩流區及泥沙底質的棲地中，不喜好游動，所以，在野採此魚時，儘管棲地的泥質溪底會拖住雙腳的移動，但是，緩慢的移動並不影響本種的捕獲；只要好好的將手撈網固定後，以半圓弧的路徑繞到網子前方，逐步走近網子將魚趕入就可以了。

和尖鰭寡鱗鰕虎一樣，本種在野採到時，外觀上即可看出長長的背鰭垂往後的樣子，只是顏色上尖鰭寡鱗鰕虎體色青綠，而本種偏土

河口泥質淺灘正是本種活動之所，只不過，牠們是可以往來河海的物種，不是每次來都有收種

會給人有撒旦模樣的鰕虎，眼眶上方如惡魔角的短絲是主要原因

黃，這樣子作初步的辨識，抓到本種時才不致因誤認是養過的鰕虎，因而錯過了，會強調此點就是因為筆者就是曾經犯下這種觀察不清的錯誤。

飼養

眼眶上方各具一條短絲，這是本種最迷人的地方，配上碩大的背鰭、尾鰭以及胸鰭都是鰕虎之最，看上去有如風中的惡魔，在遇牠種時張口嚇魚的模樣更是堪稱一絕；事實上，碩大的鰭有礙牠們快速游動，所以本種當不成掠食者，只能以小型魚類、甲殼類及其它無脊椎動物為食，但是，卻讓牠們在鰕虎中成為極具觀賞價值的魚種。

大鰭飄展不是掠食者的作風，若是遇上虛弱不堪的小魚仍然會動口吞噬

207

眼瓣溝鰕虎

硬皮鰕虎魚屬 *Genus Callogobius*

本屬的鰕虎目前筆者共尋獲 2 種，神島硬皮鰕虎與沖繩硬皮鰕虎，都是超奇特的體型，身上的花紋也很難形容，不過，辨認時卻需要倚仗這很難形容的斑紋與尾鰭形狀，牠們的皮不硬，中文名稱說是"硬皮"鰕虎有點令人不解，為此筆者還請教過精通學名的前輩，原來，屬名 Callogobius，以詞源來探討「Callogobius」=Callo+gobius，而在希臘語裡，kallos=beautiful，所以呢以詞源直譯，「美鰕虎魚屬」較為接近命名者原意。而此屬的鰕虎也真的是美。

種子島硬皮鰕虎

Callogobius tanegasimae (Snyder, 1908)

神島硬皮鰕虎

特徵

　　體色黃褐，身體佈滿條狀斑或說是雲狀斑，矛狀尾鰭，頭部具鋸齒狀凸起，兩條寬帶縱紋從嘴角貫穿眼睛延伸到背部。

分佈

　　台灣東北部河口及魚塭中均有發現。

野採

　　讀者從本書頭一路看到此魚的介紹，魚塭野採的艱辛應該已約略能體會，而本種是筆者在魚塭野採時，意外發現從藤壺間衝出一隻體型超奇特的魚，當時也僅知牠是底棲的物種，是鰕虎的機率很大，回家後方證實是硬皮鰕虎魚屬的物種；原本在魚塭中多半只能四處散撈看看，無法作過詳細的搜索；那次野採竟然如得上天眷顧一般，在網中見到牠的身影時即驚為天物，第一次野採到的物種，總會讓我興奮不已，只可惜再找就沒有了，雖然好事沒有成雙，但是，就一隻也就夠樂的了。

飼養

　　魚塭的鰕虎當然先用汽水養，其後每遇換水時就僅加純淡水而已，在缸中活動也總是躲躲藏藏，有時得翻動石塊才可以見到牠，或是僅在魚缸深處露出半身而已；為了兼顧缸中的水草也想養此魚，淡化牠是唯一途徑，但是此魚終究是親海太深，隨著淡化的程度愈發現牠體弱許多，養了約 2 個月吧，證明此魚在淡水無法久養；讀者若有機會抓到此魚，那是非常難得的欣賞本種機會，但是，要記得用汽水養就好了。

沖繩硬皮鰕虎

Callogobius okinawae (Snyder, 1908)

特徵

　　體色暗褐，身體佈滿條狀斑或說是雲狀斑，圓狀尾鰭，頭部具鋸齒狀凸起，兩條寬帶縱紋從嘴角貫穿眼睛延伸到背部，眼睛下方也有一黑帶延伸到頭部腹面。

分佈

　　台灣東北部岩礁與河口及魚塭中均有發現。

野採

　　會抓到此魚仍然是純運氣，雖然此魚會在魚塭或是河口出現，筆者竟然在海邊退潮後的水坑中也發現此魚，仍然是少見，也是僅此一隻，原本還以為是神島硬皮鰕虎，但是，細看卻發現有許多相異之處，原本是以為有機會重溫舊夢，不想卻是另結新歡，抓鰕虎有時也正如人生一般，想要的沒來，來的卻是

意想不到的收穫，總之，盡力且不斷探索總是對的，該來的遲早還是會來。

飼養

　　本種因為是在海邊發現的，由於前次的神島硬皮鰕虎淡化失敗，在飼養上不但壓根沒想過淡化牠，而且既然是海水抓的就與海水魚一起養，也順道探索海邊還有哪些鰕虎可以一起養的，野採海邊的鰕虎！這也是原先沒料想到的事，何時開始？因何發生？這都是人生中難以掌握的事，下海！這就是從淡水轉汽水，入門海水鰕虎已經是無可避免也是下一章將介紹的鰕虎。

雷氏蜂巢鰕虎

Papillogobius reichei (Bleeker, 1853)

雷氏鯊、雷氏點頰鰕虎

特徵

　　眼下有一斜前往上頜上緣的褐色線紋，體側中央有 5 個排成一列的黑色斑塊，最後一個斑塊位於尾鰭基部。

分佈

　　分佈在本省的東、西岸溪河的河口水域或沿海、港灣的水域中。

野採

　　雷氏蜂巢鰕虎為暖水性小型底層魚類，喜好棲息於沿岸沙泥底或河口水域中。活動於沙泥底的棲地環境裡；在具感潮帶的河口尋找時通常會在很接近海的地方抓到牠；距海很近的地方通常會是水質混濁，加上爛泥淤積，要不是為了飼養不同的魚種，很少人會願意到此一遊

槍蝦

的，但是，抓到後你很快會發現，有了新魚的刺激這一切都值得，混濁河水中的不安，以及腐泥中的寸步難行，通通一掃而空。

在這種非常近海的環境中尋找鰕虎時，有一種槍蝦會經常遇見，配備一支剪刀和一支如開罐器的鉗子，行進時若遇前方有危險時能迅速翻轉身體，掉頭往另一安全方向逃離，是一種非常有趣的蝦。

飼養

飼養本種鰕虎倒沒有什麼特別的地方，抓到都差不多 3~5 公分，最大體長可達約 7 公分，唯一要記得是在缸中加鹽，讓缸中的環境保持在半淡鹹水的狀態，換水時也按比例再加些鹽，這樣就可以順利養成。

本種鰕虎在半淡鹹水的硬水環境中飼養時，幼魚時鰭體斑多呈灰黑色及長至成魚且狀況好時，魚體會呈現豔麗的顏色。

雷氏蜂巢鰕虎

雷氏蜂巢鰕虎

雲斑裸頰鰕虎

Yongeichthys nebulosus (Forsskål, 1775)

雲斑鰕虎

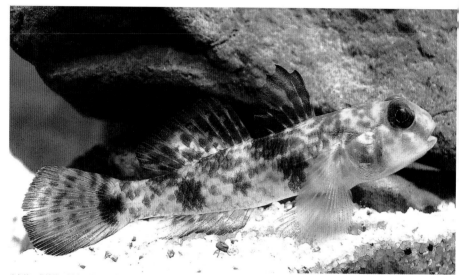

公魚第一背鰭第 2 棘會延長凸出鰭膜甚多，圖 1、2 皆無突出是為母魚

特徵

　　碩大的眼睛，體側具有 3~4 個大形黑斑，最後一個位於尾鰭基部。

分佈

　　台灣的西南部沿海、河口、港灣等地區較為常見，東北部河口也有分佈。

野採

　　抓此魚要到河口去，如果幸運的話退潮後的河口，水是清澈的，那就可以在岸邊尋找，不需下水，用一支長柄的蝦網撈就可以了，蝦網是以透明的尼龍絲作成的大孔目網子，可以輕易接近鰕虎，將牠蓋住後拉上來；由於是大孔目的網子得注意，體型太小就會從網孔掉出來，身體粗細和孔目差不多大的個體，拉網速度得快一些，體型大的

河口的橋墩下釣客齊聚，橋墩下正是本種戲耍之所。不過，要抓牠得和身旁的釣客競爭才行

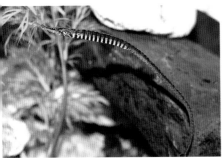

帶紋多環海龍 (Hippichthys spicifer)，又稱橫帶海龍，就是從這些石頭縫冒出的

當然是沒問題囉。這感潮帶的岸邊石縫中會有一種海龍，退潮時會陸續從石縫鑽出游向海邊，有時用手就可以撈到，牠們是帶紋多環海龍 (Hippichthys spicifer)。

飼養

　　雖然我們只是飼養，並不是抓來食用，但是，本種的消化道中的共生細菌，會產生劇毒性

的「河魨毒」，所以先告知讀者，這魚是不可以吃的。用蝦網撈到的鰕虎體型自然會比較大些，還好牠們雖然偏肉食性，但是，喜好以有機碎屑、小型魚蝦及其它無脊椎動物為食。很少去動同缸中的魚，地域性不強，僅見偶有追逐怒視而已，要順利養成仍然是需要帶點鹽分的環境才可以。

鰻鰕虎

Taenioides anguillaris (Linnaeus, 1758)

鰻形灰盲條魚、紅狼牙鰕虎

特徵

　　體型長如鰻魚，體色如灰，卻又偏暗褐色，上揚的口裂中具有利齒，眼小如芝麻。

分佈

　　分佈在台灣西岸河口具爛泥淤積環境。

野採

　　從採獲資料中可見在淡水、台南安南區的河口處有尋獲的經驗，本種藏身於河口具爛泥水域，若要野採鰻鰕虎的首要難關便是須與爛泥博鬥，從淤積的泥沼中挖泥出來篩選，汙泥的惡臭與黏稠腐質物是難以避免的，若不是想見識這鰻形物竟然也是鰕虎的風貌，在安全與飼養的角度考量是不建議去野採本種。

河口沿岸經常是爛泥淤積，如鰻的鰕虎就是在這種環境下活動

飼養

　　飼養本種不但是需要至少半淡鹹水環境之外，也需爛泥供其藏身，這對鰻鰕虎來說是比較好的環境，但是，對一般大眾來說有點困難，而且入缸後會藏身入泥中，僅露頭部撿拾漂來的食物；小如黑點的眼睛已經沒有視覺作用，空有一口利齒卻也缺無咬合力道淪為裝飾，用來嚇唬其他魚用以自保或許可行。

　　牠們的膚質雖然適合在汙泥環境穿梭，卻不耐在乾淨水質環境存活，久養則愈見鰭膜融蝕；對這奇特的鰻鰕虎屬的魚種，即使牠們在食物上會接受赤蟲與豐年蝦，如果不能提供適合的環境條件的話，對於本種僅抱持見識之心就好。

鰻鰕虎

挖砂挖泥尋找鰕虎時，潛藏在沙中的砂蝦，即刀額新對蝦 (*Metapenaeus ensis*) 也常被挖出

縱帶鸚鰕虎

Exyrias puntang (Bleeker, 1851)

鸚哥鯊

公魚的第一背鰭,第1、2、3棘會延長

特徵

體色呈淡棕色或褐色,背鰭透明而微黃灰色,眼下至口角處有一略不規則的深色斑塊。

分佈

普遍分佈於台灣西南部的沙岸、潟湖、河口、港灣或紅樹林等區域,東北角及東部地區也有少量發現。

野採

如果你是住在港灣附近,特別是南部地區,閒來無事的時候到港邊垂釣,所釣獲的鰕虎以鸚哥鯊居多,而且釣上來的體型都相當大約10公分左右;退潮後約2小時左右到河口去野採也有機會野採到,牠們應該在退潮後退入海灣或港灣的物種,河口去多了總會有機會遇上

漲潮時分水滿及胸，我常在這種時候等退潮，就等潮水初退時下手常可以捕獲來不及走的魚種，鸚哥鯊就是屬於此類的魚

流連忘返的鸚哥鯊，比起用釣的大型個體，我還是比較喜歡養用撈到小個體，畢竟小型可以養比較多隻，而且從小養起也會比較有成就感。

飼養

　　本種喜好在河口域的緩流淺水區中活動。雜食性，大都以有機碎屑、小型魚類及甲殼類為食物來源。入缸後第一印象是身體黃，胸鰭臀鰭及下腹更黃，鰭條上褐色的粗節點及身上佈滿的細紅斑點，這魚果然美麗；有一個疑問藏在心中已久，遇相關領域學者詢問似乎也沒給確定的答案，那就是同為鰕虎科的魚何者稱「鰕虎」，何者稱「鯊」，在自己的觀察中，稱作「鯊」的魚在嘴的構造上可伸縮，是兩層的，這種構造似乎少用來攻擊，有這種嘴型的魚甚至連放黑殼蝦同養，也不見牠們會去攻擊，本種及即如此。

　　本種的廣鹽性略強，純淡水可以養約一星期，但見牠們在缸中日復一日，活動力卻漸轉弱以至不動；

最大體長可達約 14 公分，釣獲的本種都是體型龐大的，魚大而且是公魚的話，在游動時可以
到背鰭的長棘飄動，其實是很美麗的畫面，只不過，在鸚哥鯊接近 10 公分之後體色會變暗沉
不再那麼亮黃耀眼，為了其他魚也為了美觀還是養小一點就好。

縱帶鸚鰕虎

縱帶鸚鰕虎

斑尾刺鰕虎

Acanthogobius ommaturus (Richardson, 1845)

尾斑長身鯊

特徵

　　體呈淡黃色，身體偏長，尾鰭基部有一暗色斑塊。

分佈

　　分佈於臺灣西北部及西部等，屬偶見魚種。

野採

　　退潮了，到滿佈泥濘的沙地去野採，在面對身陷泥沼難以自拔的環境野採，最能讓人振奮的就是偶見魚種，已知牠們在這種環境中棲息，也盡量揚起底沙試圖趕出此類魚種，但是卻無法確定能採獲本種，稀少是偶見魚種的特色，能採獲本種在運氣的成分佔有很大的比重。

飼養

　　本種生活於沿海、港灣及河口等汽水域處，也進入淡水域。喜棲

息於底質為淤泥或泥沙的水域。多為穴居。性情凶猛，會攝食各種魚、蝦、蟹和小型軟體動物。大部分會叫作"鯊"的鰕虎會有一張會濾食的嘴以及厚唇，而且溫和；但是，本種卻偏像掠食者，對於路過的小魚會一口吞食，算是比較兇猛的鯊。

能飼養此魚純屬幸運，對於牠的罕見全靠野採同伴的手氣獲得突破，美中不足是僅得一隻而且約 20 公分長，對此大魚的拍攝就不如小魚來的容易。吃的方面以紅蟲就可以解決，由於此魚在中部偏北的河口撈獲，其耐寒力尚可，儘管寒流來襲，本種仍然活力十足，印象最深的是牠的長身，以及身長 20 公分的碩大體型，置於缸中，就連身長約 8 公分的棕塘鱧都嚇的足不出戶。

斑尾刺鰕虎

裸頸縞鰕虎

Tridentiger nudicervicus (Tomiyama, 1934)

特徵

　　體側有一條水平而稍向後方斜下的黑褐色縱帶。頰部具有 2 條水平向的黑褐色縱帶。尾鰭基部具有 2 個黑褐色的斑點。

分佈

　　台灣西部、西南部河川的河口區。

野採

　　裸頸縞鰕虎生活在河川河口的半淡鹹水域，或是內灣、沿海的沙泥底質的水域裡。牠們的族群量不多，多次野採總是以幼魚為主，而且數量總是不多；在西岸河口開闊處野採，泥巴地穿梭除了下陷的困擾之外，遇風大時節更是難過，寒風刺骨在這種毫無遮蔽的環境的感受最明顯，最糟的是網子一離開水面就被吹得亂七八糟，連網中的魚也被吹走了，所以，野採前除了

注意潮汐時間之外，天氣中的風力也要看好。

飼養

　　本種是肉食性底棲魚類，大多以小魚及小型無脊椎動物為食物來源。最大可達約7公分左右，餵食仍以紅蟲即可；好鬥是鰕虎的天性，遇激動時會全身變黑，也會配合環境改變體色；由於棲所環境非常靠近海，雖然聽聞本種能在淡水環境中存活，但是，退潮後的全淡水環境下能生存的物種，其實，幾個小時候的漲潮又將含鹽分極高的海水帶入，要能全然淡水飼養恐怕會有變數，還是保持些許鹽分的環境比較穩妥。

裸頸縞鰕虎

海邊的鰕虎

　　筆者的家是住在靠山的地方，自小住家附近的淡水域多屬於河川上游，因此最早也最容易取得的鰕虎就是明潭吻鰕虎與短吻紅斑鰕虎，其後因緣際會到了靠近海的淡水域野採，因此開展鰕虎的多樣性，然而人心總是不足，對我而言也是如此，所以，進而踏入半淡鹹水的汽水域尋找更多的鰕虎；對同是喜好野採的朋友來說，這樣的歷程幾乎是無可避免的發展，渴望採集到新物種會驅動自我不斷的學習，讓野採方式不斷進化，探索的範圍也逐漸擴大，從山區推進到河口也就再自然不過了。

台灣西岸的高山密林水域，尋獲的鰕虎不是明潭吻鰕虎就是短吻紅斑鰕虎，筆者從小在苗栗縣山區長大，對這兩種鰕虎可說是習來已久

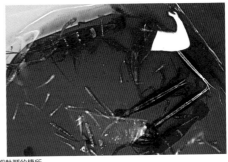

靠海無感潮帶的淡水域，尤其是水邊植物茂盛的溪流，正是迴游性魚蝦熱鬧的棲所

　　從淡水野採到半淡鹹水，到了前文提及的河口第二部分就是更接近海的地方，野採時除了環境較為嚴峻之外；每每在河口尋魚時，有一幅圖畫常流連在眼中揮之不去，總是知道它就在背後或是側面，甚至有時還得正對著它，特別是揮網疲累之餘，望著它，那是一個非常廣闊的水域 - 大海。野採日久，發展到下海探索，變成是不可抗逆的進化。

河口感潮帶水深且爛泥淤積，野採河口鰕虎多半轉向廢棄魚塭尋找

　　有一類鰕虎在下海之前我們會路經牠們的地盤，我稱牠們是 "鰕虎老大哥"，牠們不是體型最大的鰕虎，會稱為大哥的緣由是牠們已經進化至可以著陸了，退潮時借胸鰭肌柄於泥灘爬行或跳動覓食，皮膚可做為呼吸的輔助器官；事實上，在河口的泥灘處我們就可以看見牠們活動的蹤跡了，常見有大彈塗魚屬的大彈塗魚 *Boleophthalmus pectinirostris*、彈塗魚屬的彈塗魚 *Periophthalmus modestus* 以及青彈塗魚屬的青彈塗魚 *Scartelaos histophorus*、叉牙鰕虎魚屬的短斑叉牙鰕虎 *Apocryptodon punctatus*。牠們有著共同的俗稱 "花跳"。

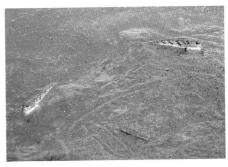

河海交界的爛泥灘，正是牠們嬉戲、覓食甚至求偶的場所

彈塗魚是蝦虎魚科背眼蝦虎魚亞科彈塗魚族（*Periophthalmini*）魚類的通稱，大多是兩棲魚類。又名泥猴、石貼仔，花跳魚，常見彈塗魚如下四種：

大彈塗魚 *Boleophthalmus pectinirostris* (Linnaeus, 1758)

彈塗魚 *Periophthalmus modestus* (Cantor, 1842)

喜好棲息在河口、港灣、紅樹林溼地的鹹淡水域，或沿岸的淺水區及淺灘中。是穴居性魚種，見人靠近會迅速鑽入地洞或潛入水中。主要以浮游生物、昆蟲及其他無脊椎動物為食，亦會刮食底棲的藻類。台灣沿海的沙泥底質的沿岸水域中頗為普遍；通常有豐富的族群棲息在河口區、紅樹林溼地及港灣等地區。最大體長約可達 10 公分。

青彈塗魚 *Scartelaos histophorus* (Valenciennes, 1837)

第二背鰭及尾鰭上有深黑色的小點或點紋。胸鰭亦散佈有黑色的小點是蠻好辨識之處。生活於河口區及紅樹林區的半淡鹹水域及沙泥沿岸的海水中，常爬行在河口附近的泥灘底面上。本種遇襲時會往水底洞穴深處鑽藏，只能在遠處觀看要捕種不容易；雜食性，喜食底藻及底棲無脊椎動物等。在台灣西部河川的河口區及紅樹林區，以西南部較為常見，最大可達約 18 公分左右。

短斑叉牙鰕虎 *Apocryptodon punctatus* (Tomiyama, 1934)

又名短斑臥齒鯊，體側有約 5 條垂直的水滴狀黑色短斑。各鰭灰白而透明。喜好棲息在河口或紅樹林、內灣等半淡鹹水域裡。大多生活在泥灘底部的洞穴中，所以較不易觀察。雜食性，也是以底藻、底棲無脊椎動物等為食物來源。分佈於西部及西南部海域的河口或紅樹林、內灣等半淡鹹水域裡；生活在小、淺 U 型的洞穴，潮間帶的淤泥灘地。低潮時，會到洞穴的出口處呼吸空氣。高潮時，洞穴內海水應有足夠的氧氣。

退潮後，從水中露出泥濘的河口泥灘上，正是彈塗魚活躍的地區。

彈塗魚的飼養

一般人的印象彈塗魚皆是在爛泥堆中生活，目前看到大多數人工飼養的也是去採集當地的泥巴置於缸中。但這也會讓很多有興趣近距離觀察的人望之卻步，畢竟光是過濾這部分就很傷腦筋。其實飼養彈塗魚並不一定要使用泥巴，只要能了解牠的生活習性給予適當的環境即可。

環境部分：

彈塗魚較一般魚類進化可藉由濕潤的皮膚和鰓室中的水分進行呼吸，強壯的胸鰭演變成可在陸地上行走的步足，兩項進化的優勢讓牠可以離開水裡到陸地上生活。所以我們在佈置魚缸時一定要將"陸地環境"考慮進去，其次魚缸不比自然界，水會不停的循環故有個過濾系統十分重要。但底床若用泥巴相信過濾系統很快就會失效，所以筆者在這裡建議採用細沙之類即可。

飼養部分：

一般人的印象似乎都是看到彈塗魚在吃泥巴之類，其實牠是雜食性除了會啃食泥巴上的有機質與藻類外，有機會也是會掠食小型甲殼類與無脊椎動物，所以最簡單的方法就是餵食冷凍紅蟲，可以嘗試將解凍的紅蟲適量放在"陸地環境"上面，這樣可以觀察牠們覓食的行為，也有機會看到相互爭搶地盤的行為。

添加一點天然粗鹽也是必要的，畢竟彈塗魚是生活在紅樹林等感潮帶，水中有點鹽份對牠們身體的調節是必須的。

此外別忘了彈塗魚也是屬於鰕虎一族，牠們一樣有吸盤加上彈跳力強，建議飼養時上面加個防止跳缸的網子比較好。

以上是筆者親自飼養的心得，在這裡分享給有興趣觀察彈塗魚的讀者們，看他們輕鬆的兩棲生活不得不佩服大自然演化的力量。

到海邊尋找鰕虎還有一個阻礙，那就是海中的生物，五顏六色、奇形怪狀都不足為奇，況且，隨著海浪的推湧，以及退潮的速度不同，讓每次滯留在水坑的魚都不一樣，形形色色的物種會撩亂你的心，讓我們忘了尋找鰕虎；這是我的經驗談，但是熱血沸騰之後還是得來看看海邊可以抓到哪些鰕虎。

到海邊尋找鰕虎須謹記，從淡水域到汽水域，到達海邊後，即將遭遇的是史無前例的豔麗衝擊；大海是生命之母，寬廣又複雜的環境造成多變的物種演化，在這，千奇百怪的物種

海邊的鰕虎

看著潺潺溪水流入大海，具沙質的海岸，鰕虎無處藏身，並不是很好的野採場所，野採海邊得鰕虎還是要找對地方，退潮後留下的水坑與廢棄的九孔槽池是不錯的選擇，時間，當然是得在退潮之後

顏色艷麗的雀鯛，還有與蝴蝶魚充斥週遭，讓人眼花撩亂、目不暇給！

以及形形色色的生物，會讓人忘記是來尋找鰕虎的；尋找雙背鰭以及胸鰭特化成吸盤的物種才是我們的目標。

褐深鰕虎 *Bathygobius fuscus* (Rüppell, 1830)

分佈於台灣：各處都有

這是筆者看過最多的種類，牠們也會游到河口半淡鹹水的環境生活，體色變化多，體側佈滿亮藍色斑點，發情或激動時體色變成鮮明的鵝黃色，非常好看。

椰子深鰕虎 *Bathygobius cocosensis* (Bleeker, 1854)

分佈於台灣：東部、蘭嶼、綠島

體側明顯散佈黑斑塊，其中體中央有成列的黑斑塊，個性好鬥，即使個體小也常向體型比較大的魚隻怒吼、追咬。

藍點深鰕虎 *Bathygobius padangensis* (Bleeker, 1851)

分佈於台灣：西部、南部、北部、東北部、東南部

身體分佈不規則塊斑，鰭膜上有規則性排列的較大節斑。

飾妝銜鰕虎 *Istigobius ornatus* (Rüppell, 1830)

分佈於台灣：東部、南部、北部、澎湖、小琉球、蘭嶼、綠島、東沙

臉頰佈有紅色短紋，全身具排列整齊的短黑條紋，在第一背鰭外緣還有鮮黃色，讓飾妝銜鰕虎看起來具有多色的豔麗鰕虎。

康培氏銜鰕虎 *Istigobius campbelli* (Jordan & Snyder, 1901)

分佈於台灣：西部、南部、北部、東北部、澎湖

初看像是沒睡飽有黑眼圈的鰕虎，再細看則像戴眼鏡的鰕虎，尤其是眼後的黑紋彷彿是鏡框支架，體側有成列的紅色斑點，是很有特色的鰕虎。

半斑星塘鱧 *Asterropteryx semipunctata* (Rüppell, 1830)

分佈於台灣：東部、西部、南部、北部、東北部、澎湖、小琉球

星塘鱧的最大特色在全身佈滿亮白色的點，排列整齊，閃光燈下星點閃閃特別明顯，公魚第一背鰭還會延長成絲狀。

蔥綠磯塘鱧 *Eviota prasina* (Klunzinger, 1871)

分佈於台灣：北部、東北部、綠島

全身佈滿短條紅紋及皮下黑斑群，和半斑星塘鱧一樣，雖然名為塘鱧但仍屬鰕虎科。

淡水系鰕虎 （二）

獨立溪流的中上游

　　台灣因中央山脈的阻隔而分成東、西兩個半部，由於區隔時並不是對稱性的劃分，如此，在東半部台灣，從山脈溪流起源到河口的距離較短，相對的溪流源頭到入海的過程分支就比較少，甚至有些溪流還是一條通，發源後並無與其他支流匯集，而是獨自流到大海，這類的溪我們稱為獨立溪流。

深入獨立溪流的深處，伴隨著是林下耐陰植物充斥的景觀，溪水多半不深，潭區、瀨區水多處是野採的重點區域，在瀨頭或緩流區會有不同的魚種棲息

沿途落石坍方、大型障壁阻隔通常是溪流上游常見的地形，能克服這些地形的魚就能甩開其他迴游魚，到達屬於適合生存的環境，這裡的鰕虎就是這樣的魚種

高山叢林雖然登之不易，而且辛苦，在汗流浹背的後頭，秀麗的風景以及美麗的魚會讓你忘卻辛勞，並且值回票價

原本台灣東部的環境就少鯉科魚類，迴游性的鰕虎如枝牙屬、瓢眼鰕虎魚屬及韌鰕虎魚屬等，在幼魚時期從河口上溯時沒有大型魚類的攔阻，因此非常適合牠們的生存，要在這些溪流發現牠們的機率也比較高；在高山密林下的溪流，涼爽加上水清，是非常適合遊玩的環境，但是，山高加上沿途巨岩阻路的情況，要到達牠們的棲所可是需要耗費一些體力才行。於是，溯溪加野採便是尋找此類鰕虎的附加娛樂。

沿途巨石聳立以及湍急的溪流或瀑布，讓人登之不易，對迴游性鰕虎而言卻是排除天敵的最佳棲所，有叢林的掩護讓牠們不再只有灰色外衣可穿，競紅鬥豔反而是這些環境下的魚種可以保有的項目；本書特地在"海邊的鰕虎"之後介紹的用意主要是讓讀者了解，並不是只有海中的魚才會有鮮艷的外衣，淡水鰕虎也可以是很美麗的。

不過，在宗教團體的「放生」活動以及多年前的「物種多樣性計畫」之後，讓原來缺乏鯉科魚種的東部溪流，漸漸的多起來了，在生態的遊戲規則中，"彼長則此消"意味鯉科魚類多了，迴游性鰕虎則在迴游路上的消失數量就多了，如果說，這些物種的存在利基是因為選對溪流，那麼，在不久的將來，獨立溪流對牠們而言就不再"對"了，會消失或再進化、遷徙別處可就難說了。

溪鱧

Rhyacichthys aspro (Valenciennes, 1837)

壓扁的鰕虎

特徵

　　頭部的腹面及胸鰭特別平坦。

分佈

　　只有在未受嚴重污染的溪流河川中有發現，以台灣東部的溪流較為普遍。

野採

　　本種最大體長約可達 25 公分左右，算是很大的鰕虎。為典型的溯河迴游性魚類，溯溪能力極強，可到達遠離出海口數十公里的溪段中棲息。通常喜好在潭頭或瀨區中活動，警覺性很高。

　　要野採本種時選溪相當重要，未受汙染的乾淨溪流且須針對潭頭水急之處下網，若以手撈網撈獲的溪鱧多半在 5~6 公分居多，這也是最適合飼養的體型；原本就警覺性高的本種，較大體型的警覺性更高，通

充滿岩石的地形，水流湍急之處，本種就是喜歡趴在這種環境

附刺擬匙指蝦（*Atyopsis spinipes*），身處急流，靠著八隻小網過著與世無爭的濾食生活

常要以手撈網野採到不容易，但是牠們尚有一定族群存在，若能以浮潛的方式在溪流中觀察，可以發現牠們是成群聚集移動，以目視的方式並配合地形來圍捕會比較容易捕獲大型的溪鱧。急流區野採到的蝦有許多種，有一種算是蝦中的隱士－附刺擬匙指蝦（*Atyopsis spinipes*），俗稱網球蝦，與本種同樣棲息在河川中下游水流湍急之處。

飼養

　　雖然本種主要以岩石表面上的藻類為食物來源，飼養時除了在造景上擺放石塊供其爬食之外，冷凍紅蟲、豐年蝦也可以接受。水質的要求遠比吻鰕虎要高，溫度以 22 度 C 為佳，嗜氧

程度也高，最好能在缸中加強打氣，或用沉水馬達造流兼溶氧的環境對本種的養成更容易些。

　　溪鱧的習性仍與其他鰕虎一般，具地域維護的攻擊性，攻擊是以軀體衝撞居多；溪鱧的體形與平鰭鰍科的魚類相似，歸類於鰕虎亞目中單獨的一科，因此兩者為不相似種類之"趨同演化"的極佳例證。趨同演化（*Convergency*）在演化生物學中指的是兩種不具親緣關係的動物長期生活在相同或相似的環境，或說生態系統，牠們因應需要而發展出相同功能的器官的現象，即同功器官。對於溪鱧而言，牠們長期生活在與平鰭鰍科如台灣間爬岩鰍等棲所相似的環境，因而趨同演化後外形也雷同，就好像是被壓扁的鰕虎。

239

溪鱧

瓢眼鰕虎魚屬 *Genus Sicyopus*

瓢眼鰕虎魚屬包括環帶瓢眼鰕虎以及宿霧瓢眼鰕虎，以牠們的體型長似小黃瓜而稱作黃瓜鰕虎，相同的是本屬鰕虎具有利齒，而且公母魚差異大，剽悍兇狠，體色會隨環境而有程度上的差別，有時紅豔有時則會紅色變淡，基本上，牠們是屬於獨立溪流的中上游魚種，在乾淨溪流中以溪蟲為食。

環帶瓢眼鰕虎

Sicyopus zosterophorum (Bleeker, 1857)

環帶禿頭鯊、環帶黃瓜鰕虎

特徵

　　母魚體呈乳黃色，公魚前半身為深褐色，後半為橘紅色。體背有五條黑褐色橫帶。

分佈

　　台灣東北部及東岸，恆春半島東西岸清澈溪流中上游水域均有發現。

240

環帶瓢眼鰕虎

溪流中平緩緩瀨區是本種喜歡的活動區域

野採

　　環帶瓢眼鰕虎為暖水性小型魚類，生活於小型清澈之溪河中，因此要野採本種比較容易，找對地方才是關鍵因素，牠們偏好棲息於林蔭下的瀨區；對以往只養過灰褐色系鰕虎的我來說，初次野採到本種時的心境，那可是感動萬分哪；環帶瓢眼鰕虎曾經在某些溪流是為優勢物種，近年來由於牠們具有夢幻般色彩而屢遭大量採捕，原本在溪邊即可駐足觀賞，憑藉其艷麗體色可以很容易發現，而今數量不多，以前要能野採到本種體型稍大的個體須從河口算起約行 1 個

小時可達棲地，現在變成需要更久的時間，不過，這也因溪而異，有些溪流尚能在河口附近就可以找到，數量仍然不多就是了。

飼養

　　本種在幼魚時期不論公母魚均是體色微黃幾近透明，這有助於牠們上溯途中避免被捕食，及長至約 2 公分時公母魚的差異漸顯，成長的速度慢是本種存續最不利的

不同的環境、不一樣的心情都會影響本種艷麗的程度

環帶瓢眼鰕虎

因素，最大可達約 8 公分左右，以牠們的利齒與兇悍的習性，即便是吻鰕虎也未必能夠威脅到牠們；對於本種的飼養，夢幻體色的展現是最大目標，平常水質乾淨且保持在微酸性，缸中造景以深色系佈置的狀況下，就可以看到前半身暗褐色，後半身嫣紅色配上體背的青綠色彩，發情時黑如墨、紅近朱的夢幻體色表現就真的無人抗拒得了。

　　本種的地域維護表情與吻鰕虎的張口大吼不同，牙齒略漏，鼓起臉頰蓄勢待發，怒張鰭條那是一定要的，這時候的鰕虎不論是何種都是最美的時候，如同其他野生動物一樣，真正的近身廝殺總是盡量避免，威嚇恫嚇為主，若是遇體型實力相當的對手，頭對頭互咬，一方咬上唇而另一隻則咬住下唇的互鬥方式，往往會在對手身上留下傷痕，所以飼養本種時以造景作出地域區隔顯得格外重要。

環帶飄眼鰕虎

環帶瓢眼鰕虎

宿霧瓢眼鰕虎

Sicyopus cebuensis (Chen & Shao, 1998)

宿霧黃瓜鰕虎、鰕虎的最高殿堂

特徵

　　吻稍尖而鈍，吻部頗長，上顎外層接近口裂基部處內凹幅度較大，成熟公魚第一背鰭第 3、4 棘開始延長成尖而高的背鰭，而且體側具有鑲於鱗片上的白色花斑。

分佈

　　目前僅於台灣東部、東南部溪流發現。

野採

　　本種出現於河口未污染，水質極為清澈的小型溪流，溪流全段都有機會遇見，大都棲息於中上游稍有流速溪段旁的淺瀨、平瀨或潭區，牠們遇敵會鑽入沙中或躲入石頭下，所以要野採此魚除了到台灣東南部的溪流尋找之外，還要選擇具有砂質底的溪段著手才比較有機會；野

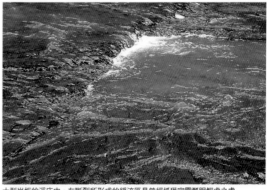

大型岩板的溪床中，在斷裂所形成的緩流區是曾經抓獲宿霧瓢眼鰕虎之處

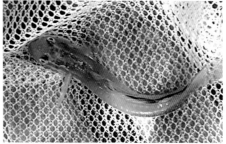

野採到宿霧瓢眼鰕虎，下半身不紅則從身上的白斑點可以看出來，下半身是紅的就看有沒有環帶黑紋，沒有才是本種

採到的本種會有兩種狀態，體色偏黃不紅，僅從身上猶如芝麻粒的花斑可以看出來，另一種情況是採到後半身好像環帶瓢眼鰕虎一樣是紅色的，但是，沒有黑色的橫帶可以看出是宿霧瓢眼鰕虎。

對於宿霧瓢眼鰕虎的經驗，以前，在好野採的朋友間均視為珍寶，由於稀少，任何採獲的訊息都讓人為之興奮並躍躍欲試，只要傳出尋獲訊息後，眾野採同好紛紛聚集形成野採旋風，可以看出此魚魅力之強。

其實，宿霧瓢眼鰕虎的魅力有一半是由於此魚稀有，尋覓多年後終於來在一處溪段發現牠們仍有不少的數量存在，對於本種的分佈應該在台灣東部河川都有機會尋獲，要有機會野採到仍是老話「找對地方」。

飼養

目前在養的本種約有 6 公分，最大可達約 8 公分，牠算是好養的魚，兇悍程度不亞於尾鱗犬齒瓢眼鰕虎和環帶瓢眼鰕虎，而且成長速度比起兩者更快；養此魚的觀察點在顏色的顯出，不論野採到的個體有沒有紅色存在，都會在入缸後逐漸消退，如果缸中的威脅不大，牠就能在封閉的缸中當上魚王，那麼除了顏色會恢復之外，牠們在求偶階段更會有極致的色彩表現。

關於本種在混養上的表現極佳，除了大型的叉舌鰕虎之外，與吻鰕虎、禿頭鯊，還有同屬的鰕虎同缸都能適應良好，這也印證了本種為何在全溪段都能找到的說法，只不過仍要在中上游才有數量較豐的族群，對所有物種而言，下游水域的叉舌鰕虎與塘鱧是很大的威脅，若要和牠們平和共存是要有些體型上的抗衡才行。聳高的背鰭，如芝麻粒的花斑，地域維護的暗黑體色都是本種常能欣賞到的表現，如果能遇其因求偶的豔麗那就更加完美。

蜿蜒身軀擺動、鰭膜變黑並且目露兇光來威嚇對手，這是本種地盤爭鬥時的華麗展現

宿霧瓢眼鰕虎

尾鱗犬齒瓢眼鰕虎

Smilosicyopus leprurus (Sakai & Nakamura, 1979)

微笑黃瓜鰕虎、青蛙鰕虎

　　本種以往總是以為歸屬瓢眼黃瓜鰕虎屬，現在另闢一屬微笑鰕虎屬 *Genus Smilosicyopus* 歸之，在台灣，本種的發現很晚，糙體瓢眼鰕虎型態特徵與圖片參照都與之相同，事實上，本種乍看之下和瓢眼黃瓜鰕虎屬有幾分相似，但是，習性不同，細看之下特徵也有差異，或許當初的標本也已經不可考，重新定義本種也不失是萬全之策。

母魚肚子微紅是很好的辨識之處

特徵

　　體黃褐色，頭部吻裂上端有一條可拉至眼前的黑紋，狀似微笑標誌的嘴形故又稱微笑黃瓜鰕虎，背鰭短平略帶黑邊。

分佈

　　台灣東部、東北部及東南部地區以及蘭嶼地區水質清澈的溪流上游水域均有分佈。

野採

　　本種屬於迴游性魚種，奇怪的是不曾在下游水域捕獲過此魚，野採到尾鱗犬齒瓢眼鰕虎之處通常都算是溪流上游了，牠們的棲所和環

魚缸飼養時都處在水流衝擊的位置，顯見與所野採到本種的自然環境下相符　　岩石上的湍急溪流處常可以撈獲本種

帶瓢眼鰕虎不同的是偏好瀨頭水急之處，若底層是岩板更好，在溯溪的路上遇湍急水流的岩板區域，雖然無法從岸上以目視尋得此魚，定住手撈網在岩盤盡頭，驚擾一番之後通常會發現有尾鱗犬齒瓢眼鰕虎落網；本種首次發現是在蘭嶼，筆者也親自走一趟蘭嶼，當地的尾鱗犬齒瓢眼鰕虎多棲息於潭中，雖棲息處無激流但仍然以潭區入水處為主，那裏的族群比起台灣本島的棲所更密集，相同點是仍然是在上游才有發現。

本種張口會依情況會分兩段，怒目對峙時口張僅一半小口，待攻擊發動時才會張得更大

尾鱗犬齒瓢眼鰕虎

身型瘦長，似黃瓜又像蜥蜴的身軀，野採時靠此體型比較好區分出本種與環帶黃瓜母魚

飼養

　　有人說本種的習性是以魚鰭為主食，這說明此魚好啄其他魚的魚鰭，與之混養的其他魚均是破鰭處處，貌似體無完膚；兩側上揚的黑紋宛如微笑，卻常偷襲其他魚的尾鰭，從這種卑鄙的舉動看來倒像是在奸笑。這是混養此魚初期經常發生的情況，所幸，同缸的魚很少因為牠的奸詐行為而掛了，待時日久後會慢慢減少偷襲事件。

　　尾鰭犬齒瓢眼鰕虎的特性就是成長速度不快，本種也是如此，細瘦的身軀是在瓢眼鰕虎魚屬中是最長的，和環帶瓢眼鰕虎一樣，牠們無法如吻鰕虎或是鯔鰕虎一樣，吃到肚子鼓出來，所以不用擔心會將牠們養到圓滾滾的福態相，反而要擔心過剩的食物會弄壞水質。

　　面帶微笑卻兇悍如虎狼，看著牠們為了爭一顆石頭而豎高背鰭、擴張尾鰭，扭曲身體並且齜牙裂嘴的威嚇對手，雖然牠們還有一個名稱叫做青蛙鰕虎，這時候反而比較像蛇或蜥蜴呢！提及本種的“齜牙裂嘴”，仔細看，牠們的嘴有兩段式開張，示威時張口的大小，僅在黑紋上揚之間的小幅度範圍，若要真的動口肉搏時才會將口裂張到極大，攻擊也僅在瞬間，必須認真觀察方能發現。

尾鰭犬齒瓢眼鰕虎

尾鱗犬齒瓢眼鰕虎

紅鰭韌鰕虎

Lentipes sp.

特徵

　　頭部及眼睛是紅色的，就連第二背鰭及鰭下身段也是紅色。

分佈

　　台灣東部、東南部地區水質清澈的溪流上游水域均有分佈。

野採

　　紅鰭韌鰕虎與藍肚韌鰕虎的棲所重疊，只不過牠的數量遠少於藍肚韌鰕虎，野採到本種像是額外的紅利，依目前的認知，韌鰕虎屬的物種原本在顏色上的不同就是分類的依據，依筆者的經驗，兩種韌鰕虎在韌鰕虎屬中是最常見的，野採到的經驗也是同一天。

　　說起韌鰕虎的野採經驗，那是在環帶黃瓜鰕虎的棲所溪流尋覓多年，愈找則愈往上游溯去，始終無

所獲，環帶瓢眼鰕虎已經從初見時的感動變成常見的疲憊；終於在一次結識有經驗的前輩，在他的帶領下野採到韌鰕虎，也終於見識到瀑布沖擊的環境下仍有能在其中棲息的鰕虎，也感嘆生物適應環境的演化竟是這麼多元化，緩流區的沙地、泥地、叢草區，急流區的岩盤或石礫區，甚至在如此強勁水流的瀑布沖擊區域都可以尋或不同的鰕虎，經過多年野採鰕虎爭戰之後，從眼見魚蹤而追捕到棲所判斷再下網，會抓到甚麼魚呢？下網之際仍是未知數，起網後就像開獎一樣謎底揭曉，這就是野採的樂趣所在。

飼養

　　直到本書截稿以前，筆者對於紅鰭韌鰕虎只野採到公魚而已，縱使野採時常採集到不同的韌鰕虎屬母魚，卻缺乏比對資訊，依筆者對原生魚的經驗歸納，紅眼睛、紅鰭、紅色體段，甚至背鰭黑色外緣都是

小瀑布下方正是韌鰕虎屬的魚喜好停留的地方，初野採上網的本種公魚身上的紅色就很明顯，也曾經捕上網時並無明顯的紅色，而是在野採罐中逐漸顯出紅色來

253

紅鰭韌鰕虎

圖中第二背鰭具黑邊者疑似公魚

公魚的性徵，去除這些
特徵的母魚就與藍肚韌
鰕虎母魚幾乎是一樣
了，仍然是期待有人能
有更科學的方法辨識出
母魚來。

　　本種對冷凍赤蟲、
豐年蝦的接受度更高，
與藍肚韌鰕虎不同是儼
然偏肉食性鰕虎，養久
了退色仍是很難避免；
關於「退色」問題對韌

鰕虎屬的物種飼養來說是頭痛而又不得不面對的問題；警戒色的說法，在飼養時與同種之間的互動或異種之間的爭鬥時，在警戒狀態下的確會讓牠們的體色回復些許，所以因警戒而起色也不完全是錯的；另一說法是水質，一般來說，高山溪流水質是屬微酸性，但是在野採韌鰕虎的環境多屬石灰岩的地質結構，這樣的水質是偏鹼性，也就是說在警戒狀態下，水質是偏鹼性的環境中才能顯出鮮豔的色彩。在缸中擺放珊瑚石或底砂有助鹼化水質，韌鰕虎的「退色」問題就可以改善了。

公魚在飼養日久後會逐漸退色，紅鰭、黑邊及頭部紅色都消失，就剩眼睛還是紅色的

韌鰕虎

Lentipes armatus (Sakai & Nakamura, 1979)

裂唇鯊、藍肚韌鰕虎

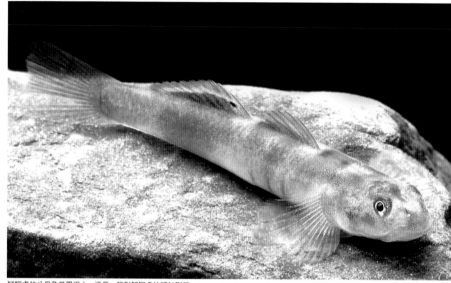

韌鰕虎的公母魚差異很大，這是一般對韌鰕虎的認知型態

特徵

公魚體色變化大，大都體呈墨
綠色或褐色以及淡紫色，腹部之成
熟公魚為藍色，有時候可以看出腹
部有 3 道黑紋。

分佈

分佈於台灣東北部、東部、東
南部，蘭嶼也有。

野採

本種屬兩側迴游型魚類，主要
生長於河口未污染的清澈小溪之中；
或許族群稀少之故，河川下游處甚
少發現幼魚；牠們喜好棲息在水流
頗為湍急之迴旋處，最好是有落差
的小凹洞處。泳力佳，吸盤發達，
吸附能力強，所以在落差大的小瀑
布上方溪段，甚至瀑布沖流的環境

高低地形形成的瀑布下方，就在氣泡下方，韌鰕虎竟能在此處聚集，可見在眾鰕虎
中牠們的吸功應該算是首屈一指

韌鰕虎的公母魚，比起黃瓜鰕虎，體色要透明許多

也難不倒此魚。

要野採本種，從河口上溯至棲所至少要個 2 公里以上，遇落差大的小型瀑布更是捕獲此魚機率大增之所，由於本種在演化上並不具備強而有力的武器，唯有特化成吸盤的鰭吸力強，對於較大落差的瀑布型溪段反而有利本種棲息，因此，針對這些地形溪段的野採可以增加尋獲機率，尤其是在大型瀑布以上溪段，這種阻斷其他迴游物種的水域更是本種絕佳繁衍之地。

飼養

為雜食性偏藻食性，冷凍豐年蝦或翅蟲的接受度高。公魚領域性頗強，母魚則還好常會擠在一起，還好公魚的數量畢竟算少，尋獲的韌鰕虎公母魚大約 1:15，筆者的經驗僅在同缸中養 2 隻公魚，在 2 尺缸中的情況還不錯，並沒有見到兩隻公魚打鬥的情形。對於本種的飼養與最好準備長藻的石頭供其爬食，

並盡可能避免與其他掠食性強的物種混養，缸中的溶氧要充足；如果有加裝沉水馬達造流時會發現牠們喜歡待在出水口處。

韌鰕虎的飼養最大的挑戰在顏色的保持，公母魚的辨識在肚子的顏色與第二背鰭上的小圓黑點，肚子的三條線原本就是最常不見的，若飼養日久肚子也不藍了，背鰭外緣白邊淡去，就連第二背鰭上那小黑點的色素也消失無蹤，公母魚會看起來差不多，僅能靠略為修長的體形看出是母魚來，要是能在缸中養出發情的姿色更是養此魚的巔峰大作。

韌鰕虎有趣以及耐人尋味的地方在於野採時發現，公魚在形態上以第二背鰭上的眼點為主要辨識，顏色以藍肚居多，卻常發現在顏色表現上會有不同的公魚，母魚的型態、顏色卻是單調許多，如果顏色不同的公魚是不同種，對物種慣性而言有著不合理的地方，所以在本書中仍對牠們以不同表現的韌鰕虎來詮釋。

　　韌鰕虎屬除了紅鰭韌鰕虎具有較大的差異之外，上列公魚是筆者認為與熟知的藍肚不同，但是，在缺乏配對母魚情況下也難定論，況且飼養愈久牠們會在退色後，漸漸的也難分出彼此，從外型來看是同種的機率相當高。

　　還有一種型態，背鰭與後半身會變紅，漂亮的程度讓人直認為牠們是不同種的魚，只可惜，退色後與藍肚依然相似，儘管野採時的豔麗程度讓人驚艷，筆者仍將之歸為藍肚表現型之一。

中國的鰕虎

褐吻鰕虎

Rhinogobius brunneus (Temminck & Schlegel, 1845)

產地：太平洋海岸、日本、琉球、台灣、韓國、中國大陸、越南和菲律賓
飼養：肉食性
體型：大型

　　眼窩下方有紅色眼斑向前延伸，其實斑紋與台灣的明潭吻鰕虎十分相同，但高聳的第一背鰭就是褐吻鰕虎的最明顯的特徵。體型大且強勢混養時品種要慎加挑選。

備註：早期褐吻鰕虎是一個通稱，當時多種台灣特有種的吻鰕虎也是被歸為褐吻，後來經過專家辨識後才陸續被正名。

Photo by Nathan Chiang/ 蔣孝明

Photo by 羅昊

Photo by Nathan Chiang/ 蔣孝明

長汀吻鰕虎
Rhinogobius changtinensis (Huang & Cheb, 2007)

產地：中國福建長汀　　　　　　　　　　圖、文／兩江原生愛好者 - 謝德林
飼養：肉食性
體型：小型

　　長汀吻鰕虎是 2007 年才被正式命名的一種小型鰕虎，主要分佈在福建閩西一帶的汀江水域，長汀是汀江水的源頭。長汀吻鰕虎的主要特徵是頭部有眼線（極少數沒有眼線）由眼下方沿前腮蓋骨延伸到嘴角，眼前有一道紅紋和對側連接成 V 形。雄性頰部有三道頰紋，雌性頰部有一道頰紋（關於頰紋少數不按此特徵）。背鰭分第一背鰭、第二背鰭，第一背鰭的第二、第三鰭棘最長。喉部有區別於其他溪吻的點狀紅色斑點（少數無此特徵）。體色很容易隨環境的變化而改變，發現有入侵者的時候背鰭豎起、鼓腮，全身色變紅。

波氏吻鰕虎

Rhinogobius cliffordpopei (Nichols, 1925)

產地：中國廣東
飼養：肉食性
體型：中型

　　身體較為壯碩且頭部較大，也是市面上少見的品種，與李氏吻鰕虎十分相似，但是李氏的第一背鰭的金屬藍點非常靠近背鰭根部，而波氏的金屬藍點較高些並未貼近身體。

中國的鰕虎

263

波氏吻鰕虎

溪吻鰕虎

Rhinogobius duospilus (Herre, 1935)

白面火焰頰鰕虎、伍氏吻鰕虎

產地：中國廣東、香港、越南
飼養：肉食性
體型：小型

　　此品種應該是中國最常見的吻鰕虎，頭部自眼睛下方都會呈現白色，且下巴有不規則紅色斑紋，這也是被稱為白面火焰頰鰕虎的由來。

　　溪吻鰕虎似乎也有不少地區或個體差異（類似台灣的短吻紅斑鰕虎），若有興趣研究的飼養者可以多多留心觀察。

Photo by Nathan Chiang/ 蔣孝明

Photo by Nathan Chiang/ 蔣孝明

Photo by Nathan Chiang/ 蔣孝明

同種間的相互示威就是鰕虎最迷人的地方　　　Photo by 羅昊

戴氏吻鰕虎

Rhinogobius davidi (Sauvage & Dabry de Thiersant, 1874)

產地：中國浙江、福建汀江水系、海南等
飼養：肉食性
體型：中型

臉頰部位有不規則的斑紋，身上噴有規則排列的紅點。

背鰭與尾鰭邊緣皆有金屬黃色相當顯眼。

Photo by 羅昊

Photo by 黃偉納

Photo by 黃偉納

絲鰭吻鰕虎

Rhinogobius filamentosus (Wu, 1939)

產地：中國廣西
飼養：肉食性
體型：中型

　　背鰭火紅的向上延伸，臉部有著鮮豔的迷宮紋路，第一次看到這品種的人應該都會被牠的外表所吸引。目前在台灣算是十分少見的品種，有蒐集鰕虎的朋友要好好把握機會。

Photo by 黃偉納

李氏吻鰕虎

Rhinogobius leavelli (Herre, 1935)

產地：中國廣東
飼養：肉食性
體型：中型

　　喉部有著不規則紅色條紋，第一背鰭較高且接近身體處有著顯目的金屬藍色色斑。眼睛有紅線延伸到嘴唇，也是台灣少見的品種。

李氏吻鰕虎

雀斑吻鰕虎

Rhinogobius lentiginis (Wu & Zheng, 1985)

產地：中國浙江
飼養：肉食性
體型：小型

　　顧名思義此品種的特徵就在於臉頰偏白色且分佈著明顯斑點，第一背鰭高聳且有金屬色斑。體型並不大，只要飼養的環境能提供足夠的遮蔽，可以飼養一小群，相當有趣。

Photo by 張一余

Photo by 黃偉納

陵水吻鰕虎
Rhinogobius linshuiensis (Chen, Miller, Wu & Fang, 2002)

產地：中國海南
飼養：肉食性
體型：小型

　　一直以來陵水吻鰕虎與萬泉河吻鰕虎總會引起許多的討論，不外乎兩者特徵十分相似，即使按照文獻資料一般人也很難分辨。根據筆者查閱海南的河流系統資料發現陵水河與萬泉河南端源頭皆來自五指山，是否兩者原是同種因地形變化開始各自演化不得而知，有賴科學家進行更加深入的研究。照片為同好至陵水河所採集之個體。

萬泉河吻鰕虎

陵水吻鰕虎

密點吻鰕虎

Rhinogobius multimaculatus (Wu & Zheng, 1985)

產地：中國浙江
飼養：肉食性
體型：中型

　　由名稱就可了解其特徵全身佈滿斑點，第一背鰭有金屬藍色斑塊，頭部有自眼睛向前延伸的紅色色斑。

網紋吻鰕虎

Rhinogobius reticulatus (Li, Zhong & Wu, 2007)

產　地：中國福建福州
飼　養：肉食性
體　型：小型

圖、文／兩江原生愛好者 - 謝德林

　　福建網紋吻鰕虎主要分佈閩江水域一帶的水澗、溪水等閩江水系。於 2005 年被發現，體型相對較小，成熟個體約 4 至 5 公分左右。此品種宛如戴氏加長汀的綜合型式，和戴氏一樣有眼線。左右眼線形成個 V 字型。眼眶下部有條紅線延伸至嘴角處，至嘴角處漸漸消失。網紋和戴氏最大的區別在於眼下紋不達到上頜。頰部有不規則赭色點斑紋，喉部有橘紅色的點斑紋，頰褶部與嘴角皆有淡藍色的點紋分佈。胸鰭到尾鰭的鱗片呈現比較有規則的在網紋狀。

神農架吻鰕虎

Rhinogobius shennongensis (Yang & Xie, 1983)

產地：中國湖北
飼養：肉食性
體型：大型

　　台灣不常見的品種，臉部與身體皆噴有細
紅點，基本的特徵與密點吻鰕虎十分類似。

四川吻鰕虎

Rhinogobius szechuanensis (Tchang, 1939)

產地：中國四川
飼養：肉食性
體型：中型

　　為四川特有種，頭型較扁而最引人目光的應該就是除了胸鰭外皆呈現火紅的各鰭，尤其背鰭較其他鰕虎寬大，在發情或者示威時身體呈現深色更能凸顯豔麗的紅色。

Photo by 羅昊

未顯色

Photo by 夏青華

Photo by 夏青華

萬泉河吻鰕虎

Rhinogobius wangchuangensis (Chen, Miller, Wu & Fang, 2002)

產地：中國海南島
飼養：肉食性
體型：小型

　　採集自海南島的小型吻鰕虎，健康個體在側身會呈現紅色不連續斑紋。

　　常為了這隻是同產自海南島的陵水吻鰕虎還是萬泉河吻鰕虎有所討論，因為根據中國的學術研究資料，這隻魚的特徵各有一部分在兩品種的手繪圖上，才會常常引起討論。不過照片上這隻的確是從萬泉河所採集，至於牠的身分還是留給科學家去確認。

萬泉河吻鰕虎

烏岩嶺吻鰕虎
Rhinogobius wuyanlingensis (Yang, Wu & Chen, 2008)

產地：中國浙江
飼養：肉食性
體型：小型

　　體色的表現與其他品種有不小的差異，其鰓部為金屬藍底搭配輻射狀紅色條線。體色由側線上的金色線條分成上下兩種不同顏色。根據飼養經驗，需要一小段時間才會慢慢適應冷凍紅蟲，剛開始飼養建議先用活的無節幼蟲再慢慢馴餌。

周氏吻鰕虎
Rhinogobius zhoui (Li & Zhong, 2009)

產地：中國廣東
飼養：肉食性
體型：中型

　　2008 年由周行先生所採集到的新品種，經過發表後馬上成為市場上最具引人注目的吻鰕虎。公魚除了胸鰭外其他都是鮮豔的紅色為底，邊緣皆有明顯的白色襯托，加上身體上一段段的火焰紅色斑紋十分搶眼。此品種屬於陸封型的鰕虎，有機會可以嘗試繁殖。

Photo by 羅昊

Photo by Nathan Chiang/ 蔣孝明

Photo by 張永昌   Photo by Nathan Chiang/ 蔣孝明

瑤山吻鰕虎
Rhinogobius yaoshanensis (Luo, 1989)

產地：中國廣西
飼養：肉食性
體型：中型

資料協助／懶人

　　廣西來賓所採集到的鰕虎，身體特徵與火焰皇帝（菊花吻鰕虎）十分相近，但是最大差異點在於瑤山吻鰕虎兩頰有著許多斑點。根據採集者分享的飼養經驗，因為產地位於較高海拔溪水溫度較低，在飼養上需要特別留心溫度的控制。

Photo by 張總

Photo by 張總

Photo by 張總

火焰皇帝、菊花吻鰕虎

Rhinogobius sp.

產地：中國廣西
飼養：肉食性
體型：中型

  除了各鰭有著火燄般的鮮紅外，較為特別的是尾鰭雖然有斑紋，但下半段卻是呈現橘紅色，頗為特殊。

溪吻鰕虎 sp.、紅珍珠鰕虎
Rhinogobius sp.

產地：中國湖南
飼養：肉食性
體型：小型

　　橘紅色的嘴吻與藍色臉頰噴上鮮豔的紅色圓點，就算不養鰕虎的朋友也會被牠的美麗所吸引。2012 年出現在台灣市場時的確引起不小的震撼，在中國也算十分稀有的品種。希望台灣能夠用人工的方式加以繁殖，不但能讓野外的個體不被過度捕撈，也能讓更多人欣賞牠的美。

母魚

溪吻鰕虎sp.、紅珍珠鰕虎

火焰吻鰕虎
Rhinogobius sp.

產地：中國海南
飼養：肉食性
體型：中型

圖、資料提供／徐俊

2011 年由海南的鰕虎同好徐俊先生與友人於兩江論壇上發表的品種。

臉頰呈現黃色，頭部有兩條紅色色斑從眼睛向前延伸到嘴吻。除胸鰭外各鰭皆有花紋且尾鰭上下邊緣有明顯紅色色斑。目前尚未定論是否為新種，待後續科學家進行分類。

周氏吻鰕虎Ⅱ型

Rhinogobius sp.

產地：中國廣東
飼養：肉食性
體型：中型

　　近期才被人發表的疑似新種，乍看下與周式吻鰕虎十分類似，但是身上的火焰斑紋變成紅色點狀，但不是個體差異因為有一定數量，就目前的說法頗為分歧，有人認為是地區型，也有人認為是新品種，此狀況就像台灣的短吻紅斑鰕虎，北中南各地的表現都有所差異，至於是否可以成為一個新的品種，就留給科學鑑定去釐清了。

李氏 sp.
Rhinogobius sp.

產地：中國廣東
飼養：肉食性
體型：中型

圖、文／蕭徽文

　　本種發現於廣東潮汕地區，最大的特點在於喉部鮮紅的點狀喉紋，與其它地區李氏的線狀喉紋形成明顯的差別。通體橙黃，密佈紅色斑點。上唇邊沿一道紅線，紅線上有連續紅斑。黃色胸鰭，基部艷黃色，帶連續紅點。第一背鰭前端兩點藍色亮點。背鰭、尾巴均呈紫褐色，第二背鰭與尾巴末端邊沿均呈白色。臀鰭從裡到外分別為紅色、黑色、白色。尾巴基部有一紅斑。成體能達到 7cm 以上，相當的兇猛。

扁頭吻鰕虎
Rhinogobius sp.

產地：中國浙江
飼養：肉食性
體型：大型

圖、資料提供／夏青華

　　本種發現於浙江地區，2012 年有少量出現在水族市場。跟其他吻鰕虎相比頭型較扁且身體較長，故被稱為扁頭。筆者當時曾經由夏青華先生與友人協助得以獲得幾隻飼養，只可惜體色一直無法恢復到正常狀態實為可惜。

紋鰓吻鰕虎
Rhinogobius sp.

產地：中國廣西　　　　　　　　　　　　　　　　　　資料協助／懶人
飼養：肉食性
體型：中型

　　筆者在蒐集中國的鰕虎資料時，無意間看到紋鰓吻鰕虎的照片時，發現此品種身體以茶色為底凸顯身上的淺色色斑，馬上就吸引到我的目光。透過不斷的尋找終於找到有親自去野外採集的朋友，才得以收錄在此書中。

公魚　　　　　　　　　　　　　　　　　　　　　　Photo by 黃偉納

母魚　　　　　　　　　　　　　　　　　　　　　　Photo by 黃偉納

Photo by 懶人

斜紋吻鰕虎
Rhinogobius sp.

產地：中國廣東
飼養：肉食性
體型：中型

圖、資料協助 / 黃偉納

　　2013 年在廣東省潮州市鳳凰山脈發現的，根據採集者所提供的資訊，此品種體型較一般溪吻鰕虎為大。兩頰各有五條斜紋，所以取名為斜紋吻鰕虎。且第一背鰭有著金屬藍色色斑而其他鰭的邊緣有橘紅色襯托相當漂亮。

蓮花吻鰕虎

Rhinogobius sp.

產地：中國廣東
飼養：肉食性
體型：中型

圖、資料協助 / 蕭徽文

　　2013 年 11 月於廣東蓮花山山脈的某峽谷中發現，故命名為蓮花吻鰕虎根據發現者判斷該種應該屬於溪吻鰕虎地區型，與一般溪吻的明顯區別在於頰紋非三條線、眼睛下有黑斑和背鰭呈金黃色。

黃唇溪吻鰕虎
Rhinogobius sp.

產地：中國廣東
飼養：肉食性
體型：中型

圖、資料協助／黃偉納

　　廣東省潮州市鳳凰山脈發現的，正如其名明顯的鮮黃色嘴唇金屬藍色的喉部配上紅點，看起來跟一般的溪吻就有明顯的不同。根據採集者所提供的資訊，廣東鳳凰山脈的山溪各不相連，在發現黃唇溪吻的上游兩公里卻僅能發現一般的溪吻，大自然演化的力量實在令人驚嘆。

黃巢吻鰕虎
Rhinogobius sp.

產地：中國廣西
飼養：肉食性
體型：中型

圖、資料協助／懶人

　　2012 年在廣西桂林野採發現的，眼睛有一道色斑向前延伸兩頰噴有紅點，第一背鰭有金屬藍點十分耀眼。根據採集者提供的資訊，此品種應屬於李氏類群的鰕虎，至於是不是地區型的差異就要等科學家協助釐清了。

貓頭吻鰕虎、美猴吻鰕虎、鳳凰吻鰕虎
Rhinogobius sp.

產地：中國廣東
飼養：肉食性
體型：中型

圖、資料協助／蕭徽文

　　本種發現於廣東潮汕地區。分佈區域狹小，目前只發現三個採點數量稀少。最大的特點在於吻部非常明顯的一抹紅，宛如一張隨時都微笑著的嘴。有明顯不同的深淺色兩種表現。個人以為應屬於溪吻種群裡的 SP 種。該種最早發現於 2010 年，直至 2012 年才逐漸受到關注。最早的發現並發布者，稱之為猴頭吻蝦虎、美猴吻蝦虎；後來於另一個採點發現並發布者，稱之為鳳凰 SP 蝦虎、鳳凰吻蝦虎；於第三個採點發現並發布者，戲稱之為貓頭吻蝦虎（源於自己在論壇的頭像）。目前未定名。

吻鰕虎其他特殊個體

Photo by 羅昊

Photo by 羅昊

Photo by 黃偉納

Photo by 夏青華

薩氏華黝魚
Sineleotris saccharae (Herre, 1940)

桔彩鰕虎、薩氏黃鮋

產地：中國廣東
飼養：肉食性
體型：大型

　　公魚的體色多彩鮮艷非常有霸氣，且頭部帶著美麗的條紋尤其在背鰭全部張開時最為美麗，而母魚的體色相對就樸素一些。除覓食外平常大多在有掩蔽的地方休息。此品種屬於大型魚種，體型過小的魚種不適合一起混養。

多鱗枝牙鰕虎

Stiphodon multisquamus (Wu & Ni, 1986)

產地：中國海南
飼養：雜食性
體型：大型

圖、文／徐俊

　　主要分佈於海南陵水河等。喜歡棲息於乾淨的溪流中，屬於降海迴游性的鰕虎。早期認為此品種為海南特有種，但近期在華南沿岸也有發現，台灣亦有採集的紀錄。

　　根據沖繩科學技術大學院大學 (OIST) 的前田 健博士在 2013 年底所發表的論文，此品種已經在琉球被發現並且有一族群，根據前田博士的研究報告表示，多鱗枝牙鰕虎的幼魚應該是隨著黑潮抵達琉球並定居在當地。

在琉球地區發現的族群／母魚　　　　Photo by 前田 健博士　　在琉球地區發現的族群／公魚　　　　Photo by 前田 健博士

日本的鰕虎

尾斑鈍鰕虎

Amblygobius phalaena (Valenciennes, 1837)

サラサハゼ

圖、文／渡邊 飛鳥

產地：琉球群島與太平洋
飼養：肉食性
體型：大型

　　棲息於礁區，喜歡居住在泥底和砂泥底。身體的側面有著幾條很寬的黑色條紋且邊緣鑲著青色。

刺蓋塘鱧
Eleotris acanthopoma (Bleeker, 1853)

チチブモドキ

圖、文／渡邊飛鳥

產地：分佈於西太平洋區海域，包括日本本州中部至琉球群島、台灣、馬來西亞、印尼、菲律
　　　賓、馬達加斯加、瓦努阿圖等
飼養：肉食性
體型：大型

　　從海灣至中游的河流分佈廣泛，但較容易在河口與紅樹林被發現。本種的胸鰭根部有兩個
黑斑紋。此品種對水質要求不高，個性較為溫順，但混養時還是避免過小體型的品種。夏至初
秋的繁殖期間會於河口石頭或木頭底下產卵。

布氏裸身鰕虎

Gymnogobius breunigii (Steindachner, 1879)

ビリンゴ

產地：日本北海道、俄羅斯、歐洲
飼養：肉食性
體型：中型

Photo by 渡邊 飛鳥

栗色裸身鰕虎

Gymnogobius castaneus (O'Shaughnessy, 1875)

ジュズカケハゼ

產地：日本與千島群島
飼養：肉食性
體型：大型

Photo by 森 文俊

Photo by 田村 太郎

Photo by 田村 太郎

疣舌裸身鰕虎

Gymnogobius isaza (Tanaka, 1916)

イサザ

產地：日本琵琶湖特有種
飼養：肉食性
體型：中型

　　生存於琵琶湖的特有種，白天大多棲息於水深 30*cm* 的附近，晚上才覓食。為了降低幼魚被捕食，繁殖期大多在 4 至五月水溫較低時，利用掠食者活動力降低以提高幼魚的存活力，壽命約一至兩年大多數成魚在繁殖後代後死亡，少數能存活到第二年繼續繁殖。當地人也會將此魚當作食材。

Photo by 森 文俊

北海道裸身鰕虎
Gymnogobius opperiens (Stevenson, 2002)

シマウキゴリ

產地：西北日本（東北和中部本州和北海道南
　　　部），千島。（國後島），庫頁島南部
飼養：肉食性
體型：大型

Photo by 渡邊 飛鳥

Photo by 田村 太郎

Photo by 田村 太郎

Photo by 田村 太郎

日本裸身鰕虎
Gymnogobius petschiliensis (Rendahl, 1924)

スミウキゴリ

產地：中國、日本、俄羅斯、歐洲
飼養：肉食性
體型：大型

Photo by 渡邊 飛鳥

Photo by 森 文俊

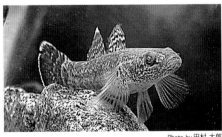

Photo by 田村 太郎

Photo by 渡邊 飛鳥

Gymnogobius sp.

產地：日本關東地區特有種
飼養：肉食性
體型：中型

圖／田村 太郎

　　此品種僅在日本關東地區的河川中被發現，公魚的背鰭為透明帶有明顯斑點而母魚則是偏黑色帶有斑點，每年三到五月為繁殖季節。根據田村先生提供的訊息因為人為的關係，目前此品種在野外已經不容易見到了。

塔氏裸身鰕虎

Gymnogobius taranetzi (Pinchuk, 1978)

シンジコハゼ

圖／渡邊飛鳥

產地：日本、俄羅斯
飼養：肉食性
體型：大型

條尾裸身鰕虎

Gymnogobius urotaenia (Hilgendorf, 1879)

ウキゴリ

文 / 渡邊 飛鳥

產地：日本，朝鮮半島與千島群島
飼養：肉食性
體型：大型

　　生活在河流中游及湖泊水流較緩的區域。

　　外表與日本裸身鰕虎（*Gymnogobius petschiliensis*）與北海道裸身鰕虎（*Gymnogobius opperiens*）是非常相似的。條尾裸身鰕虎在第一背鰭有黑色和白色的斑點。日本裸身鰕虎沒有斑點。

　　本種在尾柄部有黑色圓型斑點，而北海道裸身鰕虎是呈現 Y 形的。繁殖期間母魚會出現婚姻色，腹部會被染成明亮的黃色。

Photo by 森 文俊

Photo by 田村 太郎

Photo by 渡邊 飛鳥

斜口沙塘鱧

Odontobutis hikimius (Iwata & Sakai, 2002)

イシドンコ

產地：日本島根縣
飼養：肉食性
體型：大型

　　2002 年於日本島根縣高津川水域採集時所發現的新品種，外表與ドンコ（*Odontobutis obscura* 暗色沙塘鱧，台灣俗稱筍殼魚）非常相似，但經科學鑑定發現 *DNA* 差異頗大。因為被大量捕抓與環境惡化的影響，目前日本列為有滅絕危機的物種。

Photo by 森 文俊

褐吻鰕虎

Rhinogobius brunneus (Temminck & Schlegel, 1845)

クロヨシノボリ、Rhinogobius sp. DA (dark)

產地：日本千葉縣、新潟縣至南西諸島
飼養：肉食性
體型：大型

在中國篇裡面已經有褐吻鰕虎的介紹，為何在日本篇裡面也有因筆者在蒐集資料時發現日本在 2011 年已將原本稱為 *R.sp.DA* 的品種確定為 *R.brunneus*。

Photo by Odyssey

仔細分辨外觀時與中國產的特徵有些不同，例如日本產的 *R.brunneus* 母魚及亞成魚有幾個特徵較為明顯。尾柄部有丫字型黑斑及側線上有黑線，而成熟的公魚反而這些特徵不明顯。公魚頭頂紅色斑多呈現直線而中國產的較多為變形不規則。眼睛下方的紅色斑有著明顯金屬青色，中國產的較不明顯。也許類似台灣的短吻紅斑吻鰕虎，因為地區的不同進而演化出地區型的特徵。

Photo by 中尾 克比古

Photo by 中尾 克比古

Photo by 中尾 克比古

Photo by 中尾 克比古

Photo by 中尾 克比古

Photo by 中尾 克比古

河川吻鰕虎

Rhinogobius flumineus (Mizuno, 1960)

カワヨシノボリ

文 / 渡邊 飛鳥

產地：日本靜岡縣和富山縣向西本州，四國和九州
飼養：肉食性
體型：中型

　　陸封型的鰕虎，胸鰭有著月牙型的色斑且棘條 15-17 根相較於其他吻鰕虎品種要少。主要生活在大型河川中上游河流較緩和的區域。有斑紋型、無斑紋型、壱岐 - 佐賀型 3 種。除上面三種外，還有背鰭伸長不開的特徵的群體，雖然與 *Rhinogobius sp.OR* 非常相似，但此品種只有尾鰭的上半部為橙色。

佐賀壱岐型

Photo by 森 文俊

無斑型

Photo by 渡邊 飛鳥

無斑型

Photo by 渡邊 飛鳥

佐賀壱岐型　　　　　　　　　　　　　　　　　　　　　　　　Photo by 森 文俊

兵庫縣型　　　　　　　　　Photo by 渡邊 飛鳥

Photo by Odyssey

斑紋型 母魚　　　　　　　Photo by 森 文俊

斑紋型 公魚　　　　　　　Photo by 森 文俊

Rhinogobius fluviatilis (Tanaka, 1925)

オオヨシノボリ、*Rhinogobius* sp. LD

產地：日本境內除北海道和琉球群島外
飼養：肉食性
體型：大型

文／渡邊 飛鳥

　　這是在日本最大吻鰕虎，主要生活在大河川中上游激流多的區域。成年的個體，很喜歡待在激流處。胸鰭根部與尾柄部有黑色斑點。為了成長而逆流而上，所以很容易在上游處採集到成年的個體。筆者曾經採集到最大的個體為 135*mm*。

Photo by 森 文俊

Photo by Odyssey

Photo by Odyssey

Photo by 中尾 克比古

Rhinogobius kurodai (Tanaka, 1908)

トウヨシノボリ、Rhinogobius sp. OR (ORange type)

產地：日本境內除琉球群島
飼養：肉食性
體型：大型

文／渡邊飛鳥

　　這個名字的由來是由於橙色的尾鰭。此品種分佈很廣且因生活環境的不同而演化出各地區型的生活習慣與特徵。地區型的表現，以獨特的色彩或特徵來區分（類似台灣的短吻紅斑鰕虎）。例如生活在關東的地區型，尾鰭呈燈色臉圓背鰭不長。而琵琶湖棲息的地區型，尾鰭呈現橙色且）背鰭細長。

Photo by 森 文俊

東日本型

Photo by 田村 太郎

琵琶湖型

Photo by 田村 太郎

穴道湖型　　　　　　　　　　　　　　　　Photo by 渡邊 飛鳥　　　穴道湖型　　　　　　　　　　　　　　　　Photo by 渡邊 飛鳥

琵琶湖型　　　　　　　　　　　　　　　　Photo by 渡邊 飛鳥　　　東京型　　　　　　　　　　　　　　　　Photo by 渡邊 飛鳥

千葉縣型　　　　　　　　　　　　　　　　Photo by 渡邊 飛鳥　　　山形縣型　　　　　　　　　　　　　　　　Photo by 渡邊 飛鳥

琵琶湖型　　　　　　　　　　　　　　　　Photo by 田村 太郎

Photo by 田村 太郎

小笠原吻鰕虎

Rhinogobius ogasawaraensis (Suzuki, Chen & Senou, 2012)

オガサワラヨシノボリ、Rhinogobius sp.BI(Bonin Island type)　　　圖／森文俊

產地：僅分佈在小笠原群島
飼養：肉食性
體型：中型

　　2012 年才被正式命名的吻鰕虎，僅生活在小笠原群島，屬於兩側迴游性。有朱紅色的臉頰，腹部是黃色。身體的兩側有大黑點，尾鰭的底部有兩個黑點垂直形狀。因為環境的改變，棲息地的雨水變少加上外來生物的入侵，已被日本列為瀕臨絕種 IA 類。當地正在盡力復育中，最近也有人工繁殖成功的消息了。

公魚

母魚

Rhinogobius sp. BB (Blue Belly)

アオバラヨシノボリ

產地：分佈在沖繩本島的北部
飼養：肉食性
體型：大型

文／渡邊 飛鳥

　　Rhinogobius sp. MO 的 *SP*，大多棲息在河流的中游到上游之間，終其一生都在河川渡過。臉頰和各鰭幾乎沒有什麼特色，身體具有透明感的顏色。在上游地方棲息與其共存的魚類很少。因此外來的魚種例如孔雀魚等入侵原生地會將其魚苗吃掉。受到外來魚種和河流結構改變的強烈影響，野外棲地正以驚人的速度消失。

Photo by 渡邊 飛鳥

Photo by 田村 太郎

Photo by 田村 太郎

Photo by Odyssey　母魚

Photo by 田村 太郎

Rhinogobius sp. BF (Banded Fin)

シマヒレヨシノボリ

產地：以西日本為中心而分佈
飼養：肉食性
體型：中型

圖、文/渡邊 飛鳥

小的河川或湖泊等，喜歡在水流緩慢的地方。終其一生，生活在內陸型的河中。特徵在於尾鰭下部被染成紅色。在繁殖季節，下巴會變成藍色與黃色。體型較小臉型圓且背鰭不長。

Photo by 森 文俊

Rhinogobius sp. BW (BiWa lake)

ビワヨシノボリ

產地：僅分佈在日本琵琶湖
飼養：肉食性
體型：中型

圖、文 / 渡邊 飛鳥

　　本種為琵琶湖特有種，通常棲息於湖中。野生環境中在初夏時會停泊在岸邊進行繁殖，在繁殖季節，胸鰭和背鰭增長顯著，是這品種的獨特表現。成魚似乎是在產卵後兩年就死亡。近年來琵琶湖被外來的短棘縞鰕虎魚（*Tridentiger brevispinis*）入侵並大量繁殖，造成不小的影響。

Rhinogobius sp. CB (Cross-Band)

シマヨシノボリ

產地：日本境內除北海道外
飼養：肉食性
體型：中型

文／渡邊 飛鳥

　　喜歡生活在一般河川中下流域的急流區，若在小型河川則生活在最上游。不分公母，在臉頰上皆有明顯的變形蟲色斑、胸鰭根部有兩個月牙型色塊且尾柄並有黑色色斑。在琉球群島生活的群體，特色是臉頰變形蟲色斑更為明顯。八重山群島生活的群體，色斑泛著藍色的光。

Photo by 森 文俊

Photo by 渡邊 飛鳥

Photo by 中尾 克比古

Photo by 渡邊 飛鳥

Rhinogobius sp. CO (Cobalt)

ルリヨシノボリ

產地：日本境內除琉球群島外
飼養：肉食性
體型：大型

圖、文 / 渡邊 飛鳥

　　棲息在人煙較為稀少的中小型河川且整個水域都能見到，喜歡群體生活在急流處。此品種公母魚在臉頰上都有藍色的斑點。公魚斑點特別大且閃亮。與 *Rhinogobius sp. DL* 不同，河川全域可以見到成年的個體。

Rhinogobius sp. MO (mozaic)

アヤヨシノボリ

產地：分佈在琉球群島的沖繩島和奄美大島
飼養：肉食性
體型：中型

　　居住在河川的上游至中游處，多半在水流平緩的汽水域。在臉頰上有明亮的藍色斑點，是非常美麗的物種。在沖繩本島可以看見很多的物種高密度的棲息在一起，此品種往往與其他吻鰕虎共存，但此品種個性溫順較少爭鬥。

母魚

Photo by 森 文俊

Photo by 中尾 克比古

Photo by Odyssey

Rhinogobius sp. DL (depressed large-dark)

ヒラヨシノボリ

產地：分佈在琉球群島的屋久島
飼養：肉食性
體型：大型

文／渡邊 飛鳥

　　喜好生活在水流湍急的險灘。在西表島，牠是潛伏在激流的坑洞中。因生活環境所演化出呈現流線型的體型，胸鰭根部有一個圓形的黑點斑紋，眼睛與嘴唇之間有著紅色條紋非常明顯，在日本的吻鰕虎中體型算是最壯的。由於合適的棲息地日漸減少，筆者認為整體數量正在下降中。

Photo by 田村 太郎

Photo by 中尾 克比古

Photo by 中尾 克比古

Photo by 田村 太郎

Photo by 田村 太郎

Rhinogobius sp. TO (Tokai)

トウカイヨシノボリ

產地：分佈在日本東海地區
飼養：肉食性
體型：小型

　陸封型的鰕虎，居住在河川的支流，湖泊，水流平緩。此品種體型較小，成熟的個體約 3cm 左右。與棲息在同一個地方的 *Rhinogobius kurodai* 相比，臉型較圓而且背鰭不長。

Photo by 田村 太郎

Photo by 渡邊 飛鳥

Rhinogobius sp. YB (Yellow Belly)

キバラヨシノボリ

產地：分佈在琉球群島的奄美市，沖繩島和西表島的幾個島嶼
飼養：肉食性
體型：大型

　　Rhinogobius sp. DL 的陸封型，生活在沖繩本島，其他的迴游魚逆流而上到不了的瀑布頂部的深淵，終其一生都生活在河川中。與 *Rhinogobius sp. DL* 非常相似，此品種體表有紅色的斑點到背部為止。因為生活在這種特殊的環境中，每年個體數量有很大的差異。也因水庫及外來魚類的影響下，棲息地正在迅速消失。

Photo by 中尾 克比古

Photo by Odyssey

Photo by 中尾 克比古

Photo by 中尾 克比古

Photo by 田村 太郎

Photo by Odyssey

Photo by 中尾 克比古

Photo by 渡邊 飛鳥

皇枝牙鰕虎
Stiphodon alcedo (Maeda, Mukai & Tachihara, 2012)

ヒスイボウズハゼ

特別感謝 前田 健博士 (Dr.Ken Maeda) 提供文字與圖片

產地：日本琉球群島（2012 年台灣也有採集到）
飼養：肉食性
體型：中型

　　皇枝牙鰕虎是 2011 年底由日本沖繩科學技術大學院大學 (OIST) 的前田 健博士所發表的新品種。

　　非發情時一般公魚身體會呈現橫向的黑色帶。很特別的是發情時婚姻色（短暫的顯色）會有所不同。較為年輕的公魚身體會有明顯的紅色與黑色而更成熟的公魚通常為黑色或綠色的身體並沒有紅色。

Photo by 中尾 克比古

發情時婚姻色表現

母魚

諸神島枝牙鰕虎

Stiphodon niraikanaiensis (Maeda, 2013)

ニライカナイボウズハゼ

特別感謝 前田 健博士 *(Dr.Ken Maeda)*
提供文字與圖片

產地：日本琉球群島
飼養：肉食性
體型：中型

　　諸神島枝牙鰕虎是 2013 年底由日本沖繩科學技術大學院大學 *(OIST)* 的前田 健博士所發表的新品種。

　　公魚的第二背鰭以紅色為底，邊緣呈現黑色，紅黑兩色的交界處有著明顯的金屬青色並延伸到尾鰭。母魚則與其他枝牙鰕虎相似。

　　目前此魚僅在琉球被發現，但按照前田博士的研究與推論，此品種很可能是在幼魚時期順著黑潮被推送到琉球並定居下來。

　　因為目前尚不清楚此品種的發源地，所以前田博士命名時引用琉球方言中 "NIRAIKANAI" 即來自大海的神祕天堂。

備註：沖繩方言中「ニライカナイ (NIRAIKANAI)」，有 "海之彼端邊的理想鄉、樂土、蓬萊仙島 "等意思。是指沖繩附近有一個天上眾神居住的樂園，會將季風、潮水這些神明的恩賜送到沖繩。

母魚

髭縞鰕虎
Tridentiger barbatus (Günther, 1861)

ショウキハゼ

產地：日本、韓國、台灣、中國
飼養：肉食性
體型：中型

　　雖然身體僅有咖啡色的色斑並不搶眼，但最特別的莫過於頭部長了許多的觸鬚，也有人暱稱牠為鍾馗鰕虎。目前髭縞鰕虎在日本被列為有滅絕危機的物種。台灣西部偶而可見到。

Photo by 森 文俊

雙帶縞鰕虎

Tridentiger bifasciatus (Steindachner, 1881)

シモフリシマハゼ

產地：日本、台灣、中國
飼養：雜食性
體型：大型

　　此品種最大特徵就是身上兩條明顯深色橫紋，生活於汽水區域。與紋縞鰕虎（*Tridentiger trigonocephalus*）非常相似，但本種臀鰭沒有紅色的橫紋。台灣西部沿海偶而可見到。

Photo by 森 文俊

Photo by 渡邊 飛鳥

短棘縞鰕虎

Tridentiger brevispinis (Katsuyama, Arai & Nakamura, 1972)

ヌマチチブ

文／渡邊 飛鳥

產地：分佈日本各地除了琉球群島外，中國
飼養：雜食性
體型：大型

　　生活在河口附近開始至中游地方，以及湖泊。這個物種雖然與暗縞鰕虎（*Tridentiger obscurus*）非常相似，但在胸鰭的基部上有一個紅色的橫條紋。白色圓點分佈整個身體表面上，成熟的公魚第一背鰭會拉長絲且有兩條暗紅色的色斑。此品種對環境適應性高，若是被人為隨意棄養到其他地方將會對當地原生魚產生很大的影響。

Photo by 森 文俊

Photo by 渡邊 飛鳥

黃斑縞鰕虎

Tridentiger kuroiwae (Jordan & Tanaka, 1927)

ナガノゴリ

文／渡邊 飛鳥

產地：琉球群島
飼養：雜食性
體型：大型

　　生活於河川的中游至下游流域。臉頰上有細緻斑點。側面有一個黑色垂直條紋，上面和下面有一個黃色的橫條紋。成熟雄性的第一背鰭會有拉絲狀。如同其他縞鰕虎，此品種也喜好相互爭鬥。

Photo by 森 文俊

Photo by 田村 太郎

Photo by 渡邊 飛鳥

紋縞鰕虎
Tridentiger trigonocephalus (Gill, 1859)

アカオビシマハゼ　　　　　　　　　　　　　　　　　　　文 / 渡邊 飛鳥

產地：分佈日本各地除了琉球群島外，台灣，中國
飼養：雜食性
體型：大型

　　生活於汽水區或靠近海的泥地。通常體色是呈白色且有兩條黑線。一旦用網採集的話，會馬上變黑。此品種與雙帶縞鰕虎（*Tridentiger bifasciatus*）非常相似，但本種臀鰭有紅色的橫紋。

Photo by 渡邊 飛鳥

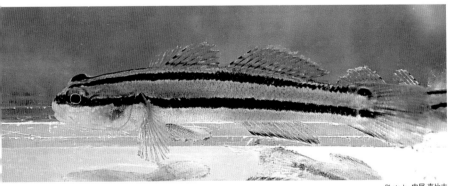

Photo by 中尾 克比古

長鰭范氏塘鱧

Valenciennea longipinnis (Lay & Bennett, 1839)

サザナミハゼ

圖、文／渡邊飛鳥

產地：琉球群島與西太平洋
飼養：肉食性
體型：大型

　　生活在海灣至河口的汽水區。臉或身體側邊有閃亮的紅色和藍色的條紋。成魚通常成對出現，在碎石下面建造洞穴。藉由以口篩沙吃小型無脊椎動物（例如橈腳類的動物）。

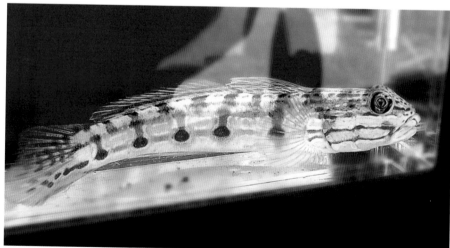

其他地區的鰕虎

薄氏大彈塗魚

Boleophthalmus boddarti (Pallas, 1770)

產地：印度
飼養：泥土表面藻類與有機質
體型：大型

　　全身分佈亮青色的色斑十分醒目（頭部色斑較小），身體有著數道深色斜紋。如同其他彈塗魚棲息於河口與淡水水域潮間帶的半淡鹹水。平常都在泥灘刮食藻類與有機質。除了鰕虎本身演化的吸盤可攀附，彈塗魚還能用強大的跳躍能力穿梭於泥灘與洞穴間，在陸地上也可利用皮膚呼吸空氣，算是演化的十分成功的物種。

薄氏大彈塗魚

橙黃阿胡鰕虎

Awaous flavus (Valenciennes, 1837)

巴西花蝴蝶鰕虎、巴西彩虹鰕虎

產地：巴西
飼養：肉食性
體型：中型

從南美輸入的淡水鰕虎品種不多，此品種擁有美麗的色斑，且身形也與一般常見的鰕虎有些差異。在魚缸裡面非常活潑好動，常會追逐周遭的魚，但也不至於會造成太大的傷害。台灣偶爾才會進口，若有興趣蒐集此品種的朋友就要把握入手機會。

道氏短鰕虎

Brachygobius doriae (Günther, 1868)

小蜜蜂鰕虎

產地：印尼
飼養：肉食性
體型：小型

　　在坊間水族館常能看到的品種，也因為體型迷你且體色黃黑相間，十分容易讓人注意到。但在帶回家飼養前請先注意牠的習性，畢竟體積雖小但牠還是鰕虎，肉食不在話下且仍有領域性與攻擊性，尤其飼養者若不清楚牠的食物來源，很容易讓牠餓死或因為飢餓進而攻擊其他魚種。

湄公河短鰕虎

Brachygobius mekongensis (Larson & Vidthayanon, 2000)

小蜜蜂鰕虎

產地：泰國
飼養：肉食性
體型：小型

　　此品種也是被稱為小蜜蜂鰕虎，但仔細分辨後會發現色斑與 *Brachygobius doriae* 有些差異（請參閱相關介紹），體色黃黑相間不若 *Brachygobius doriae* 黃黑分明，牠的色斑間隔較為零亂。至於飼養方法與習性就大同小異。

出現在印尼西爪哇（*West Java*），2014 年 5 月份首度輸出到世界各地 . 由外觀上雖近似已被確認描述的品種，但在尚未被相關學術單位鑑定命名前，筆者還是先以：*Brachygobius sp.* "OCELOT" 來稱呼之

脊塘鱧

Butis butis (Hamilton, 1822)

瘋狂倒吊塘鱧

產地：東非到斐濟
飼養：肉食性
體型：中型

　　飼養牠們最為有趣的地方，應該就是觀察牠平日腹部朝上倒著游，雙眼不停盯著下方尋找食物或躲避敵人，休息時會用腹鰭依附在水草或樹枝。根據飼養經驗此品種無強烈的領域性，但此品種可成長超過 10cm 加上類似鴨嘴般的口裂，混養時要注意是否有體型過小的其他魚種。

黃鰭叉舌鰕虎
Glossogobius flavipinnis (Aurich, 1938)

產地：印尼蘇拉維西島
飼養：肉食性、喜歡水質較硬與 *pH* 值 7 以上
體型：大型

　　健康且具有優勢的公魚身上常呈深黑色，有著亮黃色的拉長脊鰭，比起其他全身深色的蘇拉維西鰕虎算是增豔不少。此品種在台灣算是較少見的，又有明顯的黃色背鰭，頗值得蒐藏。

Photo by Nathan Chiang/ 蔣孝明

皺鰓鰕虎
Chlamydogobius eremius (Zietz, 1896)

沙漠鰕虎

產地：澳洲
飼養：肉食性
體型：中型

身體圓圓胖胖的鰕虎十分討喜，公魚身體顏色較為深色且第一背鰭有著明顯的金屬藍色。母魚體色較淡呈現金黃色，店家會稱為黃金沙漠鰕虎。每年偶爾會有幾批進入台灣市場。

黃金沙漠鰕虎 *Chlamydogobius eremius "var. gold"*

球頭捷鰕虎
Drombus globiceps (Hora, 1923)

產地：印度
飼養：肉食性
體型：中型

　　此品種最醒目的莫過於頭部散發金屬光澤與兩側側線上有數個醒目金屬亮點，背鰭會拉絲且胸鰭根部也有一個亮點十分耀眼迷人。日常飼養時建議加一點點鹽以符合原來的生活環境。對冷凍紅蟲的接受度很高。

湄公河鰭鰕虎
Gobiopterus chuno (Hamilton, 1822)

玻璃鰕虎

產地：印尼
飼養：肉食性
體型：小型

　　身體呈現透明且非常小型的鰕虎，進食後可以很明顯看到腹部有食物的顏色。也因為嬌小可愛，相對也很脆弱，強烈建議單獨飼養且需注意是否有充分進食，否則極容易折損；若身體開始變白不透明就是危險的警訊。

勃氏似鰕虎

Gobioides broussonnetii (Lacepède, 1800)

南美鰭龍、排骨龍

產地：西大西洋、南美洲
飼養：肉食性
體型：大型

相信第一眼見到牠很難把他與鰕虎畫上等號，身體長且背鰭一路延伸到尾柄部，但仔細看牠的胸鰭也是演化成吸盤狀才有些鰕虎的感覺。雖然長相頗為兇惡但比起一般鰕虎算是溫和很多，不會主動去獵食其他健康的魚。平日餵食冷凍紅蟲即可，但覓食動作有點笨拙飼養時要留心觀察。個人的飼養經驗若能提供較細的底沙給他並且偶而加點粗鹽，應該能降低飼養上的難度。

多輻韌鰕虎

Lentipes multiradiatus (Allen, 2001)

櫻花鰕虎

產地：印尼
飼養：肉食性
體型：中型

　　第一次看到此品種時，坦白說為何會被稱為櫻花鰕虎實在摸不到頭緒，因為全身都是白色頂多第二背鰭前端有一圓形色斑，一直到第二次在剛進口的群體裡面發現到較有顏色的個體，特別挑出飼養一陣子總算發現答案。

　　根據筆者的猜測，在原產地剛被採集時應該大多呈現照片中的顏色，然而飼養一段時間後體色慢慢退掉（野生鰕虎經過人工飼養後大都會發生類似狀況）。

　　飼養時如同一般韌鰕虎喜歡生活在激流區，建議飼養者能夠製造水流與遮蔽物以期符合野生環境。一般餵食冷凍紅蟲即可（不吃飼料），請確認能提供餌料及環境再飼養。

縱帶黃黝魚

Hypseleotris compressa (Krefft, 1864)

帝國火紅塘鱧、澳洲火鰕虎魚、火焰皇后塘鱧

產地：澳洲、新幾內亞中南部
飼養：肉食性、水質須偏硬、pH 值要稍高
體型：中型

　　一種非常漂亮的小型塘鱧，公魚健康時身體會變紅，尤其頭部更為明顯，背鰭與腹鰭由內到外會呈現非常美麗的紅黑白三色。但飼養時要注意水質，過酸的水會讓牠容易產生病變，要再恢復就會十分困難。

Photo by 張永昌

Photo by 張永昌

Photo by 張永昌

大眼彩塘鱧

Mogurnda adspersa (Castelnau, 1878)

五彩紫斑塘鱧

產地：澳洲
飼養：肉食性
體型：大型

　　很有特色的漂亮塘鱧，臉部有數道斑紋從眼睛向鰓蓋延伸，身體有淡藍色的金屬光澤，加上有不同顏色的斑點點綴其中，相當漂亮。此魚種強壯容易飼養，只要水質不要太差，相信就能看到美麗的金屬光澤。唯須注意混養的魚種不可過小。

腰紋彩塘鱧

Mogurnda cingulata (Allen & Hoese, 1991)

蕾絲塘鱧

產地：新幾內亞
飼養：肉食性
體型：大型

　　相較於大眼彩塘鱧此品種較為少見，兩個品種乍看頗為相似，但仔細觀察就會發現，腰紋彩塘鱧胸鰭根部有明顯的金屬藍色、臀鰭根部有著明顯紅點、尾鰭也散布著紅點，這些都是兩者不同的地方。此魚種強壯容易飼養，唯須注意此品種跳躍能力很強，飼養時建議最好加蓋。

馬塔諾湖鯔鰕虎

Mugilogobius adeia (Larson & Kottelat, 1992)

虎紋鰕虎

產地：印尼蘇拉維西島
飼養：肉食性、喜歡水質較硬與 *pH* 值 7 以上
體型：小型

　　來自蘇拉維西的小型鰕虎，身體斑紋由深咖啡色與白色交替，第一背鰭會拉絲非常漂亮。此品種在剛進口時要注意水質硬度，飼養者也必須注意水質，避免過酸而導致魚隻發生病變。

Photo by Chris Lukhaup

馬塔諾湖鯔鰕虎

阿瑪達鯔蝦虎
Mugilogobius amadi (Weber, 1913)

產地：印尼蘇拉維西島波索湖
飼養：肉食性、喜歡水質較硬與 *pH* 值 7 以上
體型：中型

　　來自印尼蘇拉維西島的蝦虎，身體顏色就如同來自同一地方的黑幽靈蝦虎 *Mugilogobius sarasinorum*，呈現很深的暗紅色，飼養時要特別留意水質，太酸的水很容易造成身體白黴而死亡，飼養者須多加留意。

蘇拉維西的波索湖（*poso lake*）

Photo by Chris Lukhaup

賴氏鯔鰕虎

Mugilogobius rexi (Larson, 2001)

黃金塘鱧

產地：印尼蘇拉維西島
飼養：肉食性、喜歡水質較硬與 *pH* 值 7 以上
體型：小型

　　屬於小型塘鱧類，若魚隻健康狀況好，體色會呈現金黃色，非常漂亮。初次飼養此品種要注意水質，因產地是屬於淡水與汽水域環境，若飼養在太酸的水質，身體很容易產生白黴導致死亡。若一開始飼養就能夠注意這些細節也能輕易上手。

Photo by Nathan Chiang/ 蔣孝明

蘇拉威西鯔鰕虎

Mugilogobius sarasinorum (Boulenger, 1897)

黑幽靈鰕虎

產地：印尼蘇拉維西島
飼養：肉食性、喜歡水質較硬與 *pH* 值 7 以上
體型：中型

　　顧名思義全身呈現暗紫色，領域性強，習性較為兇猛，若混養時要注意其他魚種是否會遭受攻擊。另有發現此品種好發一種特殊的白色體外寄生蟲，不容易徹底解決，飼養者須多加留意。

雙線鯔鰕虎

Mugilogobius sp.

雙線鯔鰕虎

產地：東南亞
飼養：肉食性
體型：小型

　　來自東南亞的小型鯔鰕虎，臉部有蟲紋且身體背部與側線下方各有一條色斑，尾柄部有黑點。根據觀察此品種喜歡聚在一起，攻擊性低建議飼養者可飼養一小群看牠們互動相當有趣。

無孔尖塘鱧

Oxyeleotris nullipora (Roberts, 1978)

新幾內亞擬鰕虎

產地：澳洲、新幾內亞
飼養：肉食性、喜歡水質較硬與 *pH* 值 7 以上
體型：小型

　　市場上罕見的品種，根據資料，應該是屬於尖塘鱧的一種。喜歡生活在有掩蔽的環境，飼養時盡量營造類似的空間讓牠們容易躲藏。

單孔丘疹鰕虎

Papuligobius uniporus (Chen & Kottelat, 2003)

寮國白頰鰕虎

產地：寮國、越南
飼養：肉食性
體型：大型

　　身體有著淡綠色的不規則斑紋，體長可達10cm，身體強壯且有攻擊性，也因為嘴巴很大非常不建議與小型的魚類混養，很容易發生弱肉強食的情況。

長身擬平牙鰕虎
Pseudapocryptes elongatus (Cuvier, 1816)

產地：印度到中國。常見於湄公河三角洲
飼養：肉食性
體型：大型

　　上唇兩側有乳凸且眼睛位置較一般鰕虎為高，筆者猜測在野外環境可能生活在較淺的水域，但不像彈塗魚可離開水到陸地覓食，身體呈長條狀上半身以灰色為基底下半身偏白而身上有數段深色的條紋，第一背鰭較短而第二背鰭一直延伸到尾柄部，尾鰭如矛狀密佈斑紋。

　　根據筆者飼養經驗，水中建議加一點點粗鹽（不是一般精緻食鹽），剛到新環境容易緊張不進食，最好能提供一點遮蔽物等待習慣後就會開始進食。

九刺彈塗魚

Periophthalmus novemradiatus (Hamilton, 1822)

產地：印度
飼養：雜食偏肉性
體型：中型

上半身以茶色為基底下半身偏白且身上有無數銀白色亮點，胸鰭有明顯的橘紅色斑且公魚第一背鰭如扇型前半段會呈現紅色且會拉絲，第二背鰭則為茶色與白色相間。母魚第一背鰭較小且為深咖啡色。

根據筆者飼養經驗，水量不需要太多建議加一點點粗鹽 (不是一般精緻食鹽)，並提供一些離水的平台以符合原來的生活環境。對冷凍紅蟲的接受度高，可將紅蟲餵食於平台上，除可讓彈塗魚方便進食外，也可避免汙染水質。

礫棲雷鰕虎

Redigobius penango (Popta, 1922)

產地：印尼
飼養：肉食性
體型：中型

　　於 2013 年首次看到的品種，身體呈現橘紅色且身上有明顯的菱形斑紋，背鰭邊緣則呈現白色十分搶眼。由於此品種的資訊十分有限，筆者建議飼養時提供水質較硬的環境為佳。

眼帶擬髯鰕虎

Pseudogobiopsis oligactis (Bleeker, 1875)

產地：印度、泰國、柬埔寨、馬來西亞、汶萊、新加坡、印尼
飼養：肉食性
體型：中型

　　這一種純淡水棲的鰕虎魚的體長只有 4-5 公分。其身上沒有華麗的色彩，眼帶擬髯鰕虎並不是在任何水域都可找到。牠們主要是棲息在山腳下或森林中的溪流。除此之外，牠們也見於水壩和湖泊沿岸一帶。大部分的時間都是趴在水底，很少到處遊動。

Photo by 林潮湧

Photo by 林潮湧

眼帶擬鬚鰕虎也很容易被誤認為是泰國真頜鰕虎（*Eugnathogobius siamensis*）。這種鰕虎也是一種棲息在淡水的鰕虎。牠有時候也會與眼帶擬鬚鰕虎生活在同一棲息地。一般上來說，眼帶擬鬚鰕虎的身體比較修長；而泰國真頜鰕虎的身體會比較粗短。另外，眼帶擬鬚鰕虎的鰓蓋上有一些感覺管孔；而泰國真頜鰕虎的鰓蓋上則沒有這樣的感覺器官。

紅星團鰕虎
Pseudogobiopsis sp.

產地：印尼
飼養：肉食性
體型：中型

圖／蔣孝明

　　第一眼看到這品種應該就會被他全身的紅點與第一背鰭拉長的天線所吸引，公魚的嘴裂較大且下唇中央有黑色塊十分特殊。撰寫此品種時可說是困難重重也找尋過非常多資料，僅知道當初商品名稱為 "Indo Rock Goby"，根據國外討論出的共識加上相關的論文判斷此品種應該是屬於擬髯鰕虎屬（Genus *Pseudogobiopsis*），可惜目前台灣僅出現過一次（國外似乎也是相同情況），無法獲得更多資料實為可惜，希望日後生物學家有機會能幫他正名。

Rhinogobius sp.

產地：越南
飼養：肉食性
體型：小型

圖 /Friedrich Bitter

　　此為德國同好於越南北方所採集到的品種。咽喉部為鮮黃色並有紅色圓點，眼眶周圍有著明顯紅色線條宛如畫上眼線一般。此品種與廣東發現的貓頭吻鰕虎頗為類似，但此品種並無紅唇與身上的黑點。至於是不是溪吻鰕虎的地區型或者是新的品種就交給科學家去分類辨識了。

希氏瓢鰕虎

Sicydium hildebrandi (Eigenmann, 1918)

南美鰕虎

產地：哥倫比亞
飼養：雜食性
體型：大型

　　很少輸入到台灣，根據正式紀錄目前哥倫比亞唯一的一種鰕虎。此品種體型大且第一背鰭會拉得很高，根據觀察雖然嘴型較為適合啃食藻類，但發現對冷凍紅蟲的接受度很高，飼養上並無太大的難度。平常除了覓食外喜歡在隱蔽的空間休息，建議飼主營造適合的空間給牠們。

公魚發情時身上花紋會變得非常明顯

希氏瓢鰕虎的愛情追逐紀錄

　　飼養了一段時間後應該很適應缸子裡的生活，整天都在裡面追逐或者等待美味的紅蟲大餐，突然有一天公魚身上的花紋變得非常明顯且兩隻相互追逐這才意會到應該是發情。期間公魚有機會就用腹部摩擦母魚的頭部，也觀察到並非都是公魚追逐母魚而母魚本身也會主動靠近公魚。能夠近距離觀察牠們的行為這也是十分難得的機會。

p.s: 請到 *YouTube* 搜尋關鍵字 *"Sicydium hildebrandi"* 即可看到我們上傳的影片

有趣的畫面

左：公魚 右：母魚

公魚上唇的黑線延伸到胸鰭

蟲紋吻鰕虎

Rhinogobius vermiculatus (Chen & Kottelat, 2001)

產地：越南
飼養：肉食性
體型：小型

圖 /Friedrich Bitte

　　此為德國同好於越南北方所採集到的品種。雙頰到咽喉有著明顯的橘色色塊並點綴著許多白色的小圓點，頭頂也有許多橘色蟲紋十分顯眼。

　　筆者感覺此品種若先不論顏色部分特徵上與中國的紅珍珠鰕虎頗為類似加上地理位置越南與中國鄰近，兩者是否有其關聯性就交給科學家研究了。

母魚

犬首瓢鰭鰕虎
Sicyopterus cynocephalus (Valenciennes, 1837)

產地：亞洲、東南亞、大洋洲
飼養：雜食性
體型：大型

　　眼睛下方有類似淚眼的黑色塊，公魚第一背鰭會拉得非常高就像天線一般，可以藉由觀察其吻部發現，嘴型適合啃食附著在石頭上的青苔類，但是也會吃冷凍紅蟲，所以飼養時要留心觀察進食狀態，否則會有日漸消瘦的情況。

喜蔭微笑鰕虎

Smilosicyopus chloe (Watson, Keith & Marquet, 2001)

圖／田村太郎

產地：大洋洲
飼養：肉食性
體型：中型

　　此品種與台灣的尾鱗犬齒瓢眼鰕虎 (*Smilosicyopus leprurus*) 外型十分相似，但最明顯的差異在於嘴唇上的黑線會一直向後延伸到胸鰭，且可以看到身上有著明顯的黑色斑紋。照片為田村太郎先生於 2013 年在關島的河流裡面所採集的個體。

寶貝瓢眼鰕虎

Sicyopus exallisquamulus (Watson & Kottelat, 2006)

紅腰鰕虎

產地：印尼
飼養：肉食性
體型：中型

　　此品種的上嘴唇與身體後半段下方有著鮮豔的橘紅色，所以才會被稱為紅腰鰕虎，這種特徵在公魚最為明顯。飼養上只要能提供合適的食物與水質，長時間飼養並非難事。

補充資料：Sicyopterus jongkasi 喬氏黃瓜鰕虎為斯里蘭卡的特有種

Photo by Nathan Chiang/ 蔣孝明

斑鰭點鰕虎

Stigmatogobius sadanundio (Hamilton, 1822)

白騎士鰕虎、珍珠雷達鰕虎

產地：東南亞
飼養：肉食性、喜歡水質較硬與 *pH* 值 7 以上
體型：大型

　　身體銀色配上噴點與高聳拉絲的第一背鰭非常引人注目，第一眼可能會認為是海水鰕虎。牠的生活地方大約都在河口淡水與汽水交界的附近，所以在飼養上可能要多加注意水質，若飼養在 *PH* 值較低的環境，很快會發生拒食、身體長白黴的狀況。

深黑枝牙鰕虎

Stiphodon atratus (Watson, 1996)

產地：印尼
飼養：雜食性
體型：中型

　　會發現到此品種其實帶有些運氣，當初在進口的 *Stiphodon ornatus* 飾妝枝牙鰕虎裡面發現有些微差異的個體就挑選出來，因當時都尚未穩定看起來兩者非常相似，經過一段時間的飼養後體色開始出現不同的表現，深黑枝牙鰕虎正如其名除頭部外全身大多呈現黑色，但也可明顯看到身體交錯的紋路。其實 *Stiphodon* 屬有很多品種非常難以分辨，若當初沒有挑選出來並有機會飼養至穩定，可能就會跟此品種擦身而過了。

左為 S.ornatus 飾妝枝牙鰕虎

橘帆枝牙鰕虎

Stiphodon maculidorsalis (Maeda & Tan, 2013)

Stiphodon sp."Orangefin"

圖／*Odyssey*、文／田村太郎

產地：印尼
飼養：雜食性
體型：中型

　　筆者於 2003 年在印尼進口至日本的鰕虎裡面所挑出的。公母都有圓形黑斑分散在第一背鰭基底至後腦勺。眼白部分呈現紅色，一般狀態公魚身體呈現灰色，第一背鰭則為橘紅色。發情時身體會呈現橘紅色，第二背鰭與尾鰭上緣則有明顯的黑色線條。母魚特徵則與一般枝牙鰕虎類似，但眼睛與公魚同樣呈現紅色。

備註：本書出版前台灣剛好出現一批，得以一睹廬山真面目。

Photo by 田村 太郎

Photo by 田村 太郎

橘帆枝牙鰕虎

橘帆枝牙鰕虎

Photo by 田村 太

Photo by 田村 太郎

Photo by 田村 太郎

Photo by 田村 太郎

橘帆枝牙鰕虎

飾妝枝牙鰕虎
Stiphodon ornatus (Meinken, 1974)

藍面鰕虎

產地：印尼
飼養：雜食性
體型：中型

　　此品種在尚未穩定的狀況下背鰭與尾鰭的紅色甚為明顯，但穩定飼養一段時間後會發現到到表現截然不同，身體會出現明顯的兩段橫向色斑且中間的色斑會在身體中段呈現塊狀色斑。飾妝枝牙鰕虎算是好照顧的品種，有興趣的人可從這隻美麗的鰕虎開始。

母魚

母魚

Photo by Nathan Chiang/ 蔣孝明

飾妝枝牙鰕虎

淺紅枝牙鰕虎

Stiphodon rutilaureus (Watson, 1996)

產地：巴布亞新幾內亞，索羅門群島與萬那度　　　　　　圖、文 / 田村 太郎
飼養：雜食性
體型：中型

　　見到此品種相信一定會讓人留下難忘的印象。公魚頭部閃耀藍綠色的金屬光澤。第一背鰭延伸如同鐮刀狀而第二背鰭則是黑色的底色點綴著青白色的圓點。身體到尾鰭都呈現橘紅色，背上噴有白點且尾鰭上有著數道青白色的閃電線條。母魚身體有著兩條明顯的黑色橫紋。除了胸鰭，背鰭第一，第二背鰭，尾鰭都可見到白色斑點。

母魚

西蒙氏枝牙鰕虎

Stiphodon semoni (Weber, 1895)

電光鰕虎、藍唇霓虹鰕虎

產地：東南亞
飼養：雜食性
體型：中型

　　公魚身上可以看到從嘴吻開始向後延伸一道金屬的藍綠色光澤，所以才會有電光鰕虎的通稱。牠的特徵與黑紫枝牙鰕虎非常的類似，一般人也不容易分辨，須注意此品種在剛進口或者狀況不好時，顏色會很明顯的退掉，若要恢復會需要一段時間。雖然喜好啃食，但冷凍紅蟲對牠也相當有吸引力。

桔紅枝牙鰕虎

Stiphodon surrufus (Watson & Kottelat, 1995)

產地：菲律賓萊特島
飼養：雜食性
體型：小型

圖 / *Odyssey*

　　顧名思義公魚有著鮮豔的桔紅色十分引人注目，此品種體型十分嬌小目前所知成魚約2cm 多。根據筆者所得到的資料，在台灣曾經有幾次的捕獲紀錄，想獲得此品種除了過人的眼力與耐心外，還要好運眷顧才有機會遇到這位十分嬌貴的貴客。

母魚

眼尾新幾內亞塘鱧

Tateurndina ocellicauda (Nichols, 1955)

七彩塘鱧

產地：澳洲、新幾內亞
飼養：肉食性
體型：大型

　　健康狀態良好的個體其體色會呈現金屬藍色，搭配火焰狀的紅色斑紋，背鰭、尾鰭與腹鰭邊緣皆有黃色與紅色襯托，非常引人注目。飼養上並沒有特別需要注意的地方。此品種喜歡在魚缸的中泳層活動，若能飼養一小群，相信也會有不同於一般的觀賞價值。

Photo by Nathan Chiang/ 蔣孝明

Photot by 張永昌

安汶脊塘鱧 *Butis amboinensis*
亞洲 / *Bleeker,* 1853

安汶脊塘鱧 *Butis amboinensis*
亞洲 / *Bleeker,* 1853

網紋脂塘鱧 *Dormitator lebretonis*
非洲 / *Steindachner,* 1870

Giuris sp.

側帶半塘鱧 *Hemieleotris latifasciata*
中美洲與南美洲 / *Meek & Hildebrand,* 1912

側帶半塘鱧 *Hemieleotris latifasciata*
中美洲與南美洲 / *Meek & Hildebrand,* 1912

網紋脂塘鱧 *Dormitator lebretonis*
非洲 / *Steindachner,* 1870

頰紋烏塘鱧 *Bostrychus strigogenys*
印尼與巴布亞新幾內亞 / *Nichols,* 1937

蓋氏黃黝魚 *Hypseleotris galii*
澳洲 / *Ogilby*, 1898

蓋氏黃黝魚 *Hypseleotris galii*
澳洲 / *Ogilby*, 1898

金伯利黃黝魚 *Hypseleotris kimberleyensis*
澳洲 / *Hoese & Allen*, 1982

金伯利黃黝魚 *Hypseleotris kimberleyensis*
澳洲 / *Hoese & Allen*, 1982

Hypseleotris sp.

哈氏金伯利塘鱧 *Kimberleyeleotris hutchinsi*
澳洲 / *Hoese & Allen*, 1987

貢氏黃黝魚 *Hypseleotris guentheri*
亞洲與大洋洲 / *Bleeker*, 1875

橫帶彩塘鱧 *Mogurnda kaifayama*
印尼 / *Allen & Jenkins*, 1999

橫帶彩塘鱧 *Mogurnda kaifayama*
印尼 / *Allen & Jenkins*, 1999

花身彩塘鱧 *Mogurnda mbuta*
亞洲 / *Allen & Jenkins*, 1999

庫圖巴湖彩塘鱧 *Mogurnda kutubuensis*
巴布亞新幾內亞 / *Allen & Hoese*, 1986

彩塘鱧 *Mogurnda mogurnda*
大洋洲 / *Richardson*, 1844

大頭彩塘鱧 *Mogurnda magna*
印尼 / *Allen & Renyaan*, 1996

花身彩塘鱧 *Mogurnda mbuta*
亞洲 / *Allen & Jenkins*, 1999

島棲躍塘鱧 *Mogurnda nesolepis*
亞洲與大洋洲 / *Weber*, 1907

島棲躍塘鱧 *Mogurnda nesolepis*
亞洲與大洋洲 / *Weber*, 1907

其他地區的鰕虎

409

寡鱗彩塘鱧 *Mogurnda oligolepis*
澳洲 / *Allen & Jenkins, 1999*

斑點彩塘鱧 *Mogurnda spilota*
巴布亞新幾內亞 / *Allen & Hoese, 1986*

豹斑彩塘鱧 *Mogurnda pardalis*
印尼 / *Allen & Renyaan, 1996*

豹斑彩塘鱧 *Mogurnda pardalis*
印尼 / *Allen & Renyaan, 1996*

雜色彩塘鱧 *Mogurnda variegata*
巴布亞新幾內亞 / *Nichols, 1951*

飾帶彩塘鱧 *Mogurnda vitta*
巴布亞新幾內亞 / *Allen & Hoese, 1986*

美麗彩塘鱧 *Mogurnda pulchra*
大洋洲 / *Horsthemke & Staeck, 1990*

紅頭紋彩塘鱧 *Mogurnda wapoga*
印尼 / *Allen, Jenkins & Renyaan, 1999*

無孔蛇塘鱧 *Ophieleotris aporos*
非洲到大洋洲 / *Bleeker,* 1854

無孔蛇塘鱧 *Ophieleotris aporos*
非洲到大洋洲 / *Bleeker,* 1854

ophieleotris sp.

高鰭尖塘鱧 *Oxyeleotris altipinna*
印尼 / *Allen & Renyaan,* 1996

似尾斑尖塘鱧 *Oxyeleotris urophthalmoides*
蘇門答臘與婆羅洲 / *Bleeker,* 1853

印尼尖塘鱧 *Oxyeleotris aruensis*
亞洲與大洋洲 / *Weber,* 1911

Ophieleotris sp.

盲尖塘鱧 *Oxyeleotris caeca*
巴布亞新幾內亞 / *Allen,* 1996

盲尖塘鱧 *Oxyeleotris caeca*
巴布亞新幾內亞 / *Allen, 1996*

線紋尖塘鱧 *Oxyeleotris lineolatus*
大洋洲 / *Steindachner, 1867*

纓尖塘鱧 *Oxyeleotris fimbriata*
新幾內亞 / *Weber, 1907*

少孔尖塘鱧 *Oxyeleotris paucipor*
印尼與巴布亞新幾內亞 / *Roberts, 1978*

蝌蚪丘塘鱧 *Bunaka gyrinoides*
亞洲與大洋洲 / *Bleeker, 1853*

塞氏尖塘鱧 *Oxyeleotris selheimi*
澳洲 / *Macleay, 1884*

氏尖塘鱧 *Oxyeleotris herwerdenii*
亞洲與大洋洲 / *Weber, 1910*

Oxyeleotris stagnicola
印尼 / *Allen, Renyaan & Hortle* 2000

小眼鋸塘鱧 *Prionobutis microps*
巴布亞新幾內亞 / *Weber*, 1907

砂棲阿胡鰕虎 *Awaous tajasica*
南美洲 / *Lichtenstein*, 1822

藍點鼺鰕虎 *Amoya gracilis*
新加坡與巴布亞新幾內亞 / *Bleeker*, 1875

布氏叉舌鰕虎 *Glossogobius bulmeri*
亞洲與大洋洲 / *Whitley*, 1959

昆士蘭阿胡鰕虎 *Awaous acritosus*
大洋洲 / *Watson*, 1994

科特氏叉舌鰕虎 *Glossogobius coatesi*
巴布亞新幾內亞 / *Hoese & Allen*, 1990

砂棲阿胡鰕虎 *Awaous tajasica*
南美洲 / *Lichtenstein*, 1822

河棲新鰕虎 *Neogobius fluviatilis*
歐洲與亞洲 / *Pallas*, 1814

凱氏高加索鰕虎 *Ponticola kessleri*
歐洲與亞洲 / *Günther*, 1861

銀線彈塗魚 *Periophthalmus argentilineatus*
非洲、亞洲與大洋洲 / *Valenciennes*, 1837

拉登新鰕虎 *Neogobius ratan*
歐洲與亞洲 / *Nordmann*, 1840

新幾內亞彈塗魚 *Periophthalmus novaeguineaensis*
亞洲與大洋洲 / *Eggert*, 1935

拉登新鰕虎 *Neogobius ratan*
歐洲與亞洲 / *Nordmann*, 1840

雲斑原吻鰕虎 *Proterorhinus marmoratus*
歐洲與亞洲 / *Pallas*, 1814

裸峽齒彈塗魚 *Periophthalmodon freycineti*
亞洲與大洋洲 / *Quoy & Gaimard*, 1824

金色雷鰕虎 *Redigobius chrysosoma*
亞洲與澳洲 / *Bleeker*, 1875

菲律賓雷鰕虎 *Redigobius tambujon*
菲律賓與印尼 / *Bleeker*, 1854

側鱗狹鰕虎 *Stenogobius laterisquamatus*
亞洲與大洋洲 / *Weber*, 1907

盤鰭瓢眼鰕虎 *Sicyopus discordipinnis*
大洋洲 / *Watson*, 1995

Taenioides sp.

拉氏狹鰕虎 *Stenogobius lachneri*
印尼 / *Allen*, 1991

蝦虎飼養篇

　　只要留心觀察台灣較為乾淨的溪流，其實很多地方都能發現到這種迷人的小生物的蹤影。很多大小朋友隨手野採了幾隻帶回家後，因為不了解蝦虎的生活環境與飲食習慣，造成小生命的死亡。為了避免這種事情一再發生，特別撰寫這篇文章，希望能藉由淺顯易懂的方式帶大家一步步設立適合的生長環境。

第一步：飼養品種

　　這本書提供給讀者台灣野採或水族館能見到的大多數品種，我們根據自己的飼養經驗列出注意事項，目的就是讓大家能了解雖然都是蝦虎，但其實生活環境、水質的偏好與覓食習性等都有差異。所以先選定適合的品種進行環境的設置，最後才將蝦虎放入魚缸中好好照顧，才能在家裡每天觀察牠們各種有趣的行為。

第二步：設立環境

　　蝦虎本身都有頗強的領域性且需要有地方讓牠們休息或者躲藏，入缸後很快就會發現強勢的蝦虎追趕其他蝦虎，若沒有適當的遮蔽物很容易讓蝦虎神經緊繃，覓食意願降低，所以不論飼養哪種蝦虎都須優先觀察牠們的生活環境。提供幾點讓大家參考：

1. 底層可鋪設一些小的碎石，可從河中取得或者到水族館購買一些中性矽砂，適當厚度即可。尤其適合愛鑽沙類型的蝦虎。

2. 利用大小石塊在魚缸裡面擺放，藉由石塊的不規則性擺放產生一些空隙供蝦虎躲藏。因為石塊堆疊會產生高低差，可以減少蝦虎相互追逐爭鬥。

3. 適合的水質，相信很多人都聽過"養魚就是養水"，但這句話一點也不為過，畢竟自來水中添加了氯氣殺菌，若直接倒到魚缸，這樣對於生活在溪水中的魚類肯定不適合，所以換水前要先經過適當的處理再用。若是飼養河口附近的蝦虎還要注意到水中的 PH 值與硬度等，否則汽水區（註）的蝦虎可能會產生不適應的狀況而生病。

4. 良好的過濾系統也是飼養魚類最重要的基本功，魚缸不比自然環境二十四小時的在換水，僅能依靠過濾器將魚隻排放在水中的有害物質分解掉。一般來說鰕虎喜歡含氧量較高的地方，所以外掛或上部過濾器除了過濾外還能加強水中含氧，就飼養鰕虎來說頗為適合，請飼養者挑選適合自己魚缸的過濾器即可。

5. 放一些水草點綴，例如水蘊草等好照顧的水草即可。不僅可以點綴魚缸提供鰕虎隱蔽，還可透過光合作用吸收水中的有害物質營造更好的環境。

6. 適合的燈光也是很重要，因為鰕虎以日行性居多，利用燈光讓鰕虎定時的活動，也是有助於鰕虎的飼養。

第三步：迎接鰕虎

養魚有個基本觀念，不論你從哪裡將魚帶回家飼養，在入缸前請務必做"對溫對水"，簡單的說就是當要放魚時，請先執行對水的動作同時對溫，由於水質的不同，若貿然將魚直接放入魚缸，將會讓魚的衝擊過大而產生不良的影響，所以請確實的執行此步驟，以避免魚隻有不好的狀況發生。

第四步：日常照顧

1. 不論你的過濾器如何強大，水中有害物質依然會慢慢的累積，要避免造成危害，換水是個好方法，請了解換水不是加水！不是因為蒸發補充魚缸的水量，而是將魚缸裡面的水抽出部分後添加新水，這樣才能有效稀釋有害物質。

2. 餵食適當的餌料尤其重要，看完這本書之後應該對鰕虎有一定的基本了解，絕大部分鰕虎都是肉食或偏肉雜食，少數才是啃藻類為主，肉食為輔。當你在第一項選定品種後，就應該清楚知道魚缸中鰕虎喜歡吃的食物。肉食性的鰕虎一般比較容易取得的是以冷凍紅蟲為主，水族館都有在販賣，使用時取適量放於水中使之溶化後，吸取紅蟲噴入魚缸，活的無節幼蟲也是很好的食物來源。也有人用蝦米切碎餵食甚至水蚤，只要鰕虎肯吃就看哪種食物並對飼養者最方便取得即可。若以啃藻為主食的品種，可能就要考慮一下所提供的食物是否足夠，不要看牠們小小的體型，食量可是很驚人的，請不要低估牠們。

第五步：繁殖樂趣

絕大部分的鰕虎都需要有遮蔽物可以讓牠有安全感，若在佈景時能營造適合的環境並將水質維持好且給予充分的食物，那麼飼主將有機會可以觀察到鰕虎的繁殖。當發現鰕虎開始有挖洞的現象並開始驅趕經過的同類時，可以留心觀察但記得別去驚擾牠們。多數鰕虎是將卵倒掛在上面，所以牠們會找上方有堅硬的石頭向下挖洞。

一般來說陸封型的鰕虎繁殖成功機率較高，兩側迴游型當幼魚孵出後會隨著河水一路向下飄移到河口或者海裡，在一般飼養缸很難模擬這種環境。筆者建議可從短吻紅斑鰕虎或者陸封型的極樂吻鰕虎開始嘗試，相信成功機率會大很多。

看完這篇文章後讀者應該會對鰕虎有一些基本的認識，我們很希望能藉由這本書將正確的資訊傳遞出去。若看完這本書後讓您對於鰕虎產生興趣，那麼先將品種設定好且營造適合的環境再去進行適量的魚隻蒐集，野採的朋友請勿大量的捕抓，這樣只會造成生態的破壞，也會因為魚缸無法負荷導致鰕虎大量死亡。若從水族館購買也請先了解各品種的習性再入手。倘若評估後沒辦法提供環境，建議您就用眼睛看著牠們在溪裡快樂的嬉戲就好。

註：何謂汽水區？
在河口接近海洋處，淡水海水交界的地方，被稱作"汽水區"。汽水區的水質大多成鹼性帶鹽。

BOTTOM FISH

- Special formula for all bottom feeding herbivorous.
- Enriched with multi-Vitamin,Supplements,Spirulina,....etc.

- 富含底棲魚所需藻類複合原料及豐富的營養成份
- 專為底棲魚所設計的緩沉性薄餅
- 具有特殊的誘引風味兼具成長與抗病力

底棲魚專用飼料

給魚兒均衡完整的營養

E-236
Net wt.45g

BEST CHOICE FOR YOUR PET'S
營養均衡 嗜口性 增色效果

上鴻實業有限公司
UP AQUARIUM SUPPLY INDUSTRIES CO., LTD.

大陸：TEL：+86-020-81411126 (30)　FAX：+86-020-81525529
QQ：2696265132　　e-mail：upaquatic@163.com
台灣：TEL：+886-2-22967988　FAX：886-2-22977375